全国农业职业技能培训教材

设施养牛装备操作工

（初级 中级 高级）

农业部农业机械试验鉴定总站
农业部农机行业职业技能鉴定指导站 编

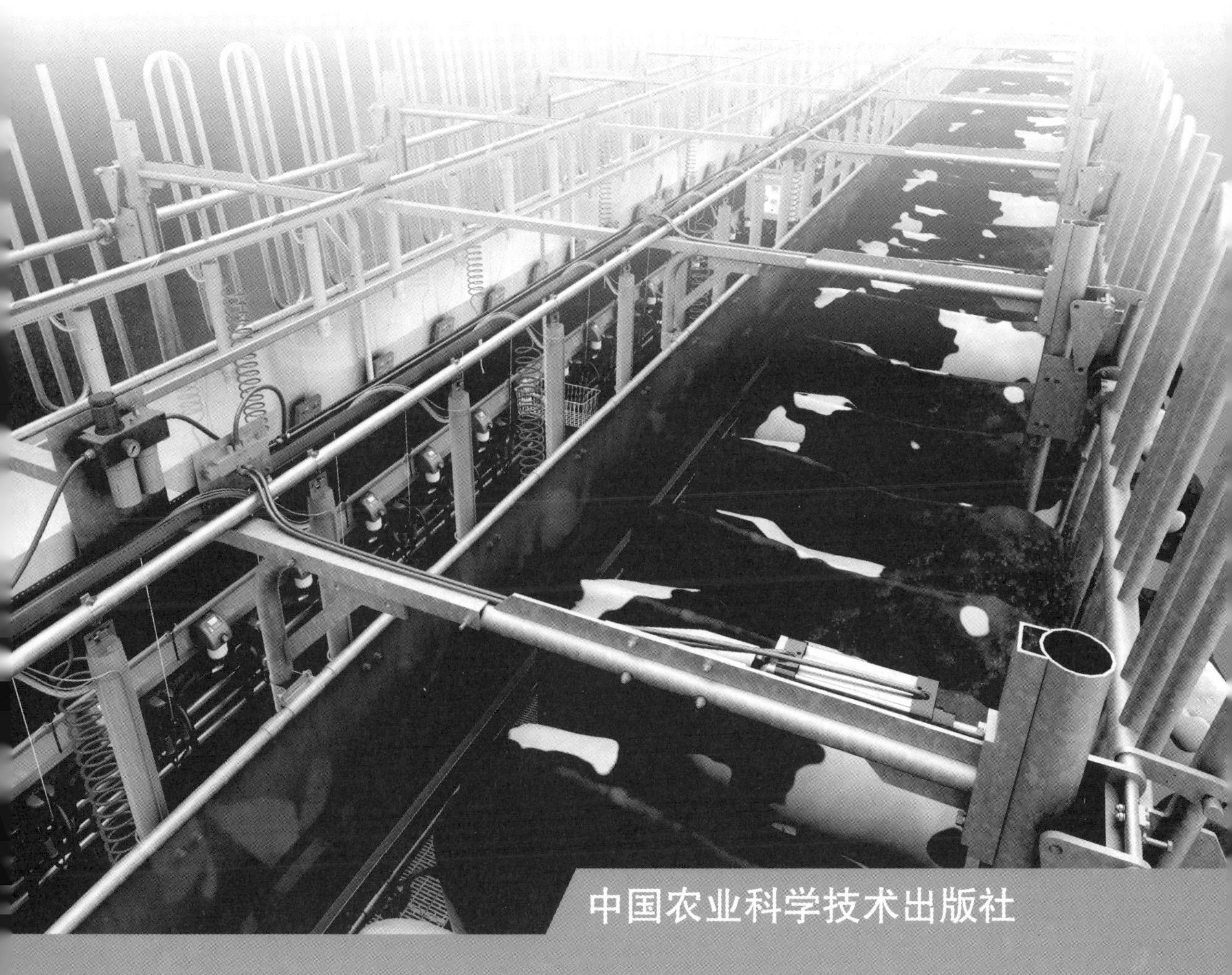

中国农业科学技术出版社

图书在版编目（CIP）数据

设施养牛装备操作工：初级　中级　高级／农业部农业机械试验鉴定总站，农业部农机行业职业技能鉴定指导站编．—北京：中国农业科学技术出版社，2014.6
全国农业职业技能培训教材
ISBN 978－7－5116－1596－1

Ⅰ.①设…　Ⅱ.①农…②农…　Ⅲ.①养牛学－技术培训－教材　Ⅳ.①S823

中国版本图书馆CIP数据核字（2014）第067288号

责任编辑　姚　欢
责任校对　贾晓红

出 版 者　中国农业科学技术出版社
北京市中关村南大街12号　邮编:100081
电　　话　(010)82109704(发行部)　(010)82106636(编辑室)
(010)82109703(读者服务部)
传　　真　(010) 82106636
网　　址　http://www.castp.cn
经 销 者　各地新华书店
印 刷 者　北京富泰印刷有限责任公司
开　　本　787 mm×1 092 mm　1/16
印　　张　11.375
字　　数　260千字
版　　次　2014年6月第1版　2014年6月第1次印刷
定　　价　28.00元

农业部农机行业职业技能鉴定教材

编审委员会

《设施养牛装备操作工》

编写审定组成员

主　编：温　芳
副主编：叶宗照　李　伟
编　者：温　芳　叶宗照　李　伟　王　强
田金明　张如青　胡　海　吕占民
马　超　王扬光
审　定：夏正海　鲁家浪　侯方安　欧南发
沈吉人

前　　言

党和国家高度重视农业机械化发展，我国农业机械化已经跨入中级发展阶段。依靠科技进步，提高劳动者素质，加强农业机械化教育培训和职业技能鉴定，是推动农业机械化科学发展的重大而紧迫的任务。中央实施购机补贴政策以来，大量先进适用的农机装备迅速普及到农村，其中，设施农业装备的拥有量也急剧增加。农民购机后不会用、用不好、效益差的问题日益突出。

为适应设施农业装备操作人员教育培训和职业技能鉴定工作的需要，农业部农机行业职业技能鉴定指导站组织有关专家，编写了一套全国农业职业技能鉴定用培训教材——《设施农业装备操作工》。该套教材包含了《设施园艺装备操作工》《设施养牛装备操作工》《设施养猪装备操作工》《设施养鸡装备操作工》和《设施水产养殖装备操作工》5本。

该套教材以《NY/T 2145—2012——设施农业装备操作工》（以下简称《标准》）为依据，力求体现“以职业活动为导向，以职业能力为核心”的指导思想，突出职业技能培训鉴定的特色，本着“用什么，考什么，编什么”的原则，内容严格限定在《标准》范围内，突出技能操作要领和考核要求。在编写结构上，按照设施农业装备操作工的基础知识、初级工、中级工和高级工四个部分编写，其中，基础知识部分涵盖了《标准》的“基本要求”，是各等级人员均应掌握的知识内容；初、中、高级工部分分别对应《标准》中相应等级的“职业功能”要求，并将相关知识和操作技能分块编写，且全面覆盖《标准》要求。在编写语言上，考虑到现有设施农业装备操作工的整体文化水平和本职业技能特征鲜明，教材文字阐述力求言简意赅、通俗易懂、图文并茂。在知识内容的编排上，教材既保证了知识结构的连贯性，又着重于技能掌握所必须的相关知识，力求精炼浓缩，突出实用性、针对性和典型性。

该套教材在编写过程中得到了农业部规划设计研究院、北京市农业机械试验鉴定推广站、内蒙古自治区农牧业机械质量监督管理站、金湖小青青机电设备有限公司、江苏省连云港市农机推广站等单位的大力支持，在此一并表示衷心的感谢！

由于编写时间仓促，水平有限，不足之处在所难免，欢迎广大读者提出宝贵的意见和建议。

农业部农机行业职业技能培训教材编审委员会

2014 年 1 月

目　录

第一部分　职业道德与基础知识

第二部分　设施养牛装备操作工——初级技能

第三部分　设施养牛装备操作工——中级技能

第四部分　设施养牛装备操作工——高级技能

第一部分　职业道德与基础知识

第一章　设施农业装备操作工职业道德

第一节　职业道德基本知识

一、道德的含义

道德是一种社会意识形态，是人们共同生活及其行为的准则和规范。它以善恶、是非、荣辱为标准，调节人与人之间、个人与社会之间的关系。它依据社会舆论、传统文化和生活习惯来判断一个人的品质，它可以通过宣传教育和社会舆论影响而后天形成，并依靠人们自觉的内心观念来维持。道德很多时候跟“良心”一起谈及，良心是指自觉遵从主流道德规范的心理意识。党的十八大报告指出：“全面提高公民道德素质，这是社会主义道德建设的基本任务。要坚持依法治国和以德治国相结合，加强社会公德、职业道德、家庭美德、个人品德教育，弘扬中华传统美德，弘扬时代新风。”社会主义道德建设要坚持以为人民服务为核心，以集体主义为原则，以爱祖国、爱人民、爱劳动、爱科学、爱社会主义为基本要求。

二、职业道德及其特点

1. 职业道德的含义及内容

职业道德是指从事一定职业的人员在工作和劳动过程中所应遵守的、与其职业活动紧密联系的道德规范和行为准则的总和。职业道德包括职业道德意识、职业道德守规、职业道德行为规范，以及职业道德培养、职业道德品质等内容。要大力提倡以爱岗敬业、诚实守信、办事公道、服务群众、奉献社会为主要内容的职业道德。

2. 职业道德的特点

职业道德作为社会道德的重要组成部分，是社会道德在职业领域的具体反映。在职业范围上，职业道德具有规范性；在适用范围上，职业道德具有有限性；在形式上，具有多样性；在内容上，具有较强的稳定性和连续性。

3. 职业道德的意义

学习和遵守职业道德，有利于推动社会主义物质文明和精神文明建设；有利于提高本行业、企业的信誉和发展；有利于个人品质的提高和事业的发展。

三、职业素质的内容

职业素质是指劳动者通过教育、劳动实践和自我修养等途径而形成和发展起来的，在职业活动中发挥重要作用的内在基本品质。职业素质包括思想政治素质、科学文化素质、身心素质、专业知识与专业技能素质4个方面。其中，职业素质的灵魂是思想政治素质，核心内容是专业知识与专业技能素质。

第二节　设施农业装备操作工职业守则

设施农业装备操作工在职业活动中，不仅要遵循社会道德的一般要求，而且要遵守设施农业装备操作工职业守则。其基本内容如下。

一、遵章守法，爱岗敬业

遵章守法是设施农业装备操作工职业守则的首要内容，这是由设施农业装备操作工的职业特点决定的。遵章守法就是要自觉学习、遵守国家的有关法规、政策和农机安全生产的规定，爱岗敬业是指设施农业装备操作工要热爱自己的工作岗位，服从安排，兢兢业业，尽职尽责，乐于奉献。

二、规范操作，安全生产

规范操作是指一丝不苟地执行安全技术、组织措施，确保作业人员生命和设备安全，确保作业任务的圆满完成。要有高度负责的精神，严格按照技术要求和操作规范，认真对待每一项作业、每一道工序，尽职尽责，确保作业质量，优质、高效、低耗、安全地完成生产任务。安全生产是指机具在道路转移、场地作业及维修保养过程中要保证自身、他人及机具的安全。

三、钻研技术，节能降耗

设施农业装备操作工要提高作业效率，确保作业质量，必须掌握过硬的操作技能，是职业的需要。钻研技术，必须“勤业”，干一行，钻一行，善于从理论到实践，不断探索新情况、新问题，技术上要精益求精。节能降耗是钻研技术的具体体现。在操作过程中采取技术上可行、经济上合理以及环境和社会可以承受的措施，从各个环节，降低消耗、减少损失和污染物排放、制止浪费，有效、合理地利用能源。

四、诚实守信，优质服务

诚实守信是做人的根本，也是树立作业信誉，建立稳定服务关系和长期合作的基础。设施农业装备操作工在作业服务过程中，要以诚待人，讲求信誉，同时要有较强的竞争意识和价值观念，主动适应市场，靠优质服务占有市场。在作业服务中，要使用规范语言，做到礼貌待客，服务至上，质量第一。

第二章　机电常识

第一节　农机常用油料的名称、牌号、性能和用途

农机用油是指在农机使用过程中所应用的各种燃油、润滑油和液压油的总称。它们的品种繁多、性能各异，随使用机器及部位的不同，要求也不一样，加之在运输、储存、添加和使用过程中，油料的质量指标会逐渐降低，必须采取科学的技术措施，防止和减缓油品的变质。选好、用好、管好农机用油，是保证农机技术状态完好的重要环节，是节约油料、降低作业成本的重要途径。

农机常用的油料牌号、规格与适用范围等，见表2－1。

表2－1　农机常用油料的牌号、规格与适用范围

<table>
<tr><th colspan="2">名　称</th><th colspan="2">牌号和规格</th><th>适用范围</th><th>使用注意事项</th></tr>
<tr><td rowspan="2">柴油</td><td>重柴油</td><td colspan="2"></td><td>转速1 000r/min以下的中低速柴油机</td><td rowspan="2">1. 不同牌号的轻柴油可以掺兑使用
2. 柴油中不能掺入汽油</td></tr>
<tr><td>轻柴油</td><td colspan="2">10、0、－10、－20、－35和－50号（凝点牌号）</td><td>选用凝点应低于当地气温3～5℃</td></tr>
<tr><td colspan="2">汽油</td><td colspan="2">66、70、85、90、93和97号（辛烷值牌号）</td><td>压缩比高选用牌号高的汽油，反之选用牌号低的汽油</td><td>1. 当汽油供应不足时，可用牌号相近的汽油暂时代用
2. 不要使用长期存放已变质的汽油，否则结胶、积炭严重</td></tr>
<tr><td rowspan="2">内燃机油</td><td>柴油、机油</td><td>CC、CD、CD－Ⅱ、CE、CF－4等（品质牌号）</td><td rowspan="2">0W、5W、10W、15W、20W、25W（冬用黏度牌号），“W”表示冬用；20、30、40和50级（夏用黏度牌号）；多级油如10W/20（冬夏通用）</td><td rowspan="2">品质选用应遵照产品使用说明书中的要求选用，还可结合使用条件来选择。黏度等级的选择主要考虑环境温度</td><td rowspan="2">1. 在选择机油的使用级时，高级机油可以在要求较低的发动机上使用
2. 汽油机油和柴油机油应区别使用</td></tr>
<tr><td>汽油、机油</td><td>SC、SD、SE、SF、SG和SH等（品质牌号）</td></tr>
<tr><td colspan="2" rowspan="3">齿轮油</td><td>普通车辆齿轮油（CLC）</td><td>70W、75W、80W、85W（黏度牌号）</td><td rowspan="3">按产品使用说明书的规定进行选用，也可以按工作条件选用品种和气温选择牌号</td><td rowspan="3">不能将使用级（品种）较低的齿轮油用在要求较高的车辆上，否则将使齿轮很快磨损和损坏</td></tr>
<tr><td>中负荷车辆齿轮油（CLD）</td><td>90、140和250（黏度牌号）</td></tr>
<tr><td>重负荷车辆齿轮油（CLE）</td><td>多级油如80W/90、85W/90</td></tr>
</table>

（续表）

<table>
<tr><th>名　称</th><th colspan="2">牌号和规格</th><th>适用范围</th><th>使用注意事项</th></tr>
<tr><td rowspan="4">润滑脂（俗称黄油）</td><td>钙基、复合钙基</td><td rowspan="4">000、00、0、1、2、3、4、5 、6（锥入度）</td><td>抗水，不耐热和低温，多用于农机具</td><td rowspan="4">1. 加入量要适宜
2. 禁止不同品牌的润滑脂混用
3. 注意换脂周期以及使用过程管理</td></tr>
<tr><td>钠基</td><td>耐温可达 120℃，不耐水，适用于工作温度较高而不与水接触的润滑部位</td></tr>
<tr><td>钙钠基</td><td>性能介于上述两者之间</td></tr>
<tr><td>锂基</td><td>锂基抗水性好，耐热和耐寒性都较好，它可以取代其他基脂，用于设施农业等农机装备</td></tr>
<tr><td rowspan="3">液压油</td><td>普通液压油（HL）</td><td>HL32、HL46、HL68（黏度牌号）</td><td>中低压液压系统（压力为 2. 5 ~ 8MPa）</td><td rowspan="3">控制液压油的使用温度：对矿油型液压油，可在 50 ~ 65℃下连续工作，最高使用温度在 120 ~ 140℃</td></tr>
<tr><td>抗磨液压油（HM）</td><td>HM32、HM46、HM100、HM150（黏度牌号）</td><td>压力较高（>10MPa）使用条件要求较严格的液压系统，如工程机械</td></tr>
<tr><td>低温液压油（HV 和 HS）</td><td></td><td>适用于严寒地区</td></tr>
</table>

第二节　机械常识

一、常用法定计量单位及换算关系

1. 法定长度计量单位

基本长度单位是米（m），机械工程图上标注的法定单位是毫米（mm）。

1m = 1 000mm；1 英寸 = 25. 4 mm。

2. 法定压力计量单位

法定压力计量单位是帕（斯卡），符号为 Pa。常用兆帕表示，符号为 MPa。压力以前曾用每平方厘米作用的公斤力来表示，符号为 $1kgf/cm^2$。其转换关系为：

$1MPa = 10^6 Pa$。

$1kgf/cm^2 = 9.8 \times 10^4 Pa = 98kPa = 0.098MPa$。

3. 法定功率计量单位

法定功率计量单位是千瓦，符号为 kW。1 马力 = 0. 736kW。

4. 力、重力的法定计量单位

力、重力的法定计量单位是牛顿，符号为 N。1kgf = 9. 8N。

5. 面积的法定计量单位

面积的法定计量单位是平方米、公顷，符号分别为 m^2、hm^2。

$1hm^2 = 10\ 000m^2 = 15$ 亩。1 亩 $\approx 666.7m^2$（全书同）。

二、金属与非金属材料

1. 常用金属材料

常用金属材料分为钢铁金属和非铁金属材料（即有色金属材料）两大类。钢铁材料主要有碳素钢（含碳量小于2.11%的铁碳合金）、合金钢（在碳钢的基础上加入一些合金元素）和铸铁（含碳量大于2.11%的铁碳合金）。非铁金属材料则包括除钢铁以外的所有金属及其合金，如铜及铜合金、铝及铝合金等。常用金属材料的种类、性能、牌号和用途见表2－2。

表2－2　常用金属材料的种类、性能、牌号和用途

名　称			特 点	主要性能	牌号举例	用途
碳素钢	普通碳素结构钢		含碳量小于0.38%	韧性、塑性好，易成型、易焊接，但强度、硬度低	Q195、Q215、Q235、Q275	不需热处理的焊接和螺栓连接构件等
	优质碳素结构钢	低碳钢	含碳量小于0.25%		08、10、20	需变形或强度要求不高的工件，如油底壳等
		中碳钢	含碳量0.25%～0.60%	强度、硬度较高，塑性、韧性稍低	35、45	经热处理后有较好综合机械性能，用于制造连杆、连杆螺栓等
		高碳钢	含碳量大于0.60%，小于0.85%	硬度高，脆性大	65	经热处理后制造弹簧和耐磨件
	碳素工具钢		含碳量大于0.70%，小于1.3%	硬度高，耐磨性好，脆性大	T10、T12	制作手动工具和低速切削工具及简单模具等
合金钢	低合金结构钢		在碳素结构钢或工具钢的基础上加入某些合金元素，使其具有满足特殊需要的性能	较高的强度和屈强比，良好的塑性、韧性和焊接性	Q295、Q345、Q390、Q460	桥梁、机架等
	合金结构钢			有较高强度，适当的韧性	20CrMnTi	齿轮、齿轮轴、活塞销等
	合金工具钢			淬透性好，耐磨性高	9SiCr	切削刃具、模具、量具等
	特殊性能钢			具有如不锈、耐磨、耐热等特殊性能	不锈 2Cr13 耐磨 ZGMn13	如耐磨钢用于车辆履带、收割机刀片、弓齿等

（续表）

名　称		特 点	主要性能	牌号举例	用途
铸铁	灰铸铁	铸铁中碳以片状石墨存在，断口为灰色	易铸造和切削，但脆性大、塑性差、焊接性能差	HT－200	气缸体、气缸盖、飞轮
	白口铸铁（冷硬铸铁）	铸铁中碳以化合物状态存在，断口为白色	硬度高而性脆，不能切削加工		不需加工的铸件如犁铧
	球墨铸铁	铸铁中碳以圆球状石墨存在	强度高，韧性、耐磨性较好	QT600－3	可代替钢用于制造曲轴、凸轮轴等
	蠕墨铸铁	铸铁中碳以蠕虫状石墨存在	性能介于灰铸铁和球墨铸铁之间	RuT340	大功率柴油机气缸盖等
	可锻铸铁	铸铁中碳以团絮状石墨存在	强度、韧性比灰铸铁好	KTH350－10	后桥壳，轮毂
	合金铸铁	加入合金元素的铸铁	耐磨、耐热性能好		活塞环、缸套、气门座圈
铜合金	黄铜	铜与锌的合金	强度比纯铜高，塑性、耐腐蚀性好	H68	散热器、油管、铆钉
	青铜	铜与锡的合金	强度、韧性比黄铜差，但耐磨性、铸造性好	ZCuSn10Pb1	轴瓦、轴套
铝合金		加入合金元素	铸造性、强度、耐磨性好	ZL108	活塞、气缸体、气缸盖

2. 常用非金属材料

农业机械中常用的非金属材料主要是有机非金属材料，如合成塑料、橡胶等。常用非金属材料的种类、性能及用途见表2－3。

表2－3　常用非金属材料的种类、性能及用途

名 称	主　要　性　能	用　　途
工程塑料	除具有塑料的通性之外，还有相当的强度和刚性，耐高温及低温性能较通用塑料好	仪表外壳、手柄、方向盘等
橡胶	弹性高、绝缘性和耐磨性好，但耐热性低，低温时发脆	轮胎、皮带、阀垫、软管等
玻璃	由氧化硅和另一些氧化物熔化制成的透明固体。优点是导热系数小、耐腐蚀性强；缺点是强度低、热稳定性差	驾驶室挡风玻璃等
石棉	抗热和绝缘性能优良，耐酸碱、不腐烂、不燃烧	密封、隔热、保温、绝缘和制动材料，如制动带等

（1）塑料　塑料属高分子材料，是以合成树脂为主要成分并加入适量的填料、增塑剂和添加剂，经一定温度、压力塑制成型的。塑料分类方法很多，一般分为热塑性塑料和热固性塑料两大类。热塑性塑料是指可反复多次在一定温度范围内软化并熔融流

动，冷却后成型固化，如 PVC 等，共占塑料总量的 95% 以上。热固性塑料是指树脂在加热成型固化后遇热不再熔融变化，也不溶于有机溶剂，如酚醛塑料、脲醛塑料、环氧树脂、不饱和聚酯等。

塑料主要特性是：①大多数塑料质轻，化学性稳定，不会锈蚀；②耐冲击性好；③具有较好的透明性和耐磨耗性；④绝缘性好，导热性低；⑤一般成型性、着色性好，加工成本低；⑥大部分塑料耐热性差，热膨胀率大，易燃烧；⑦尺寸稳定性差，容易变形；⑧多数塑料耐低温性差，低温下变脆；⑨容易老化；⑩某些塑料易溶于溶剂。

（2）橡胶　橡胶是一种高分子材料，有良好的耐磨性，良好的隔音性，良好的阻尼特性，有高的弹性，有优良的伸缩性和可贵的积储能量的能力，是常用的密封材料、弹性材料、减振、抗振材料和传动材料，耐热老化性较差，易燃烧。

（3）玻璃　玻璃是由氧化硅和另一些氧化物熔化制成的透明固体。玻璃耐腐蚀性强，磨光玻璃经加热与淬火后可制成钢化玻璃，玻璃的主要缺点有强度低、热稳定性差。

三、常用标准件常识

标准件是指结构、尺寸、画法、标记等各个方面已经完全标准化，并由专业厂生产的常用的零（部）件，如螺纹件、键、销、滚动轴承等等。

（一）滚动轴承

1. 滚动轴承的分类方法

滚动轴承主要作用是支承轴或绕轴旋转的零件。其分类方法有以下 5 种：①按承受负荷的方向分，有向心轴承（主要承受径向负荷）、推力轴承（仅承受轴向负荷）、向心推力轴承（同时能承受径向和轴向负荷）。②按滚动体的形状分，有球轴承（滚动体为钢球）和滚子轴承（滚动体为滚子），滚子又有短圆柱、长圆柱、圆锥、滚针、球面滚子等多种 。③按滚动体的列数分，有单列、双列、多列轴承等种类。④按轴承能否调整中心分，有自动调整轴承和非自动调整轴承两种。⑤按轴承直径大小分，有微型（外径 26mm 或内径 9mm 以下）、小型（外径 28 ~ 55mm）、中型（外径 60 ~ 190mm）、大型（外径 200 ~ 430mm）和特大型（外径 440mm 以上）。

2. 滚动轴承规格代号的含义

国家标准 GB/T272—93《滚动轴承代号方法》规定，滚动轴承的规格代号由 3 组符号及数字组成，其排列如下：

前置代号	基本代号	后置代号

（1）基本代号　它表示轴承的基本类型、结构和尺寸，是轴承代号的基础。基本代号由 3 组代号组成，其排列如下：

轴承类型代号	尺寸系列代号	内径代号

轴承类型代号由数字或字母表示；尺寸系列代号由轴承宽（高）度系列代号和直径系列代号组成，用两位阿拉伯数字表示。上述两项代号内容和具体含义可查阅新标准。内径代号表示轴承的公称内径，用两位阿拉伯数字表示，表示方法见表 2－4。

表2-4　轴承内径的表示方法

轴承内径（mm）	表　示　方　法
9以下	用内径实际尺寸直接表示
10	00
12	01
15	02
17	03
20～480（22、28、32除外）	以内径尺寸除5所得商表示
500以上及22、28、32	用内径实际尺寸直接表示，并在数字前加一“/”符号

轴承基本代号举例：

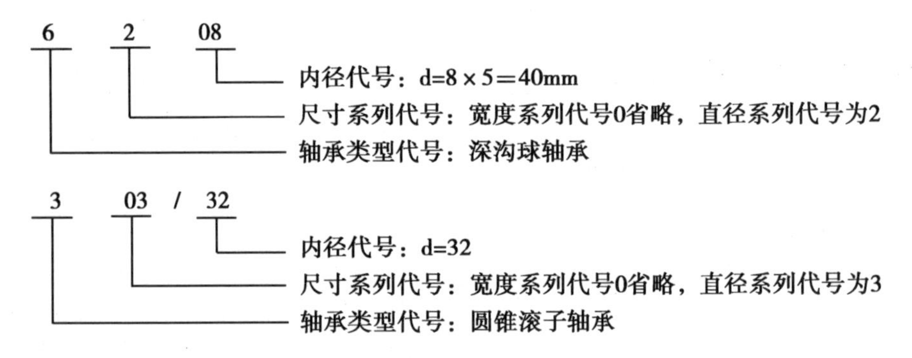

（2）前置代号　它表示成套轴承部件的代号，用字母表示。代号的含义可查阅新标准，例如代号GS为推力圆柱滚子轴承座圈。

（3）后置代号　用字母和数字表示，它是轴承在结构形状、尺寸、公差、技术要求有改变时，在其基本代号后面添加的代号。如添加后置代号NR时，表示该轴承外圈有止动槽，并带止动环。

3. 滚动轴承的用途

（1）球轴承　一般用于转速较高、载荷较小、要求旋转精度较高的地方。

（2）滚子轴承　一般用于转速较低、载荷较大或有冲击、振动的工作部位。

（二）橡胶油封

橡胶油封在设施农业机械、汽车上用得很多，按其结构不同分为骨架式和无骨架式两种，两者区别在于骨架式油封在密封圈内埋有一薄铁环制成的骨架。骨架式油封可分为普通型（只有一个密封唇口）、双口型（有两个密封唇口）和无弹簧型3种，还按适用速度范围分为低速油封和高速油封两种。油封的规格由首段、中段和末段3段组成。首段为油封类型，用汉语拼音字母表示，P表示普通，S表示双口，W表示无弹簧，D表示低速，G表示高速。中段以油封的内径d、外径D、高度H这3个尺寸来表示油封规格，中间用“×”分开，表示方法为d×D×H，单位为毫米（mm）。末段为胶种代号。例如，PD20×40×10，为内径20mm，外径40mm，高10mm的低速普通型油封。

（三）键

键的主要作用是连接、定位和传递动力。其种类有平键、半圆键、楔键和花键。前3种一般有标准件供应，花键也有国家标准。

1. 平键

平键按工作状况分普通和导向平键2种，其形状有圆头、方头和单圆头3种，其中以两头为圆的A型使用最广。平键的特点是靠侧面传递扭矩，制造简单、工作可靠，拆装方便，广泛应用于高精度、高速或承受变载、冲击的场合。

2. 半圆键

其特点是靠侧面传递扭矩，键在轴槽中能绕槽底圆弧中心略有摆动，装配方便，但键槽较深，对轴强度削弱较大，一般用于轻载，适用于轴的锥形端部。

3. 楔键

其特点是靠上、下面传递扭矩，安装时需打入，能轴向固定零件和传递单向轴向力，但对中稍差，一般用于对中性能要求不严且承受单向轴向力的连接，或用于结构简单、紧凑、有冲击载荷的连接处。

4. 花键

有矩形花键和渐开线花键两种。通常是加工成花键轴，应用于一般机械的传动装置上。

（四）螺纹联接件

1. 螺纹导程与螺纹的直径

导程S是指螺纹上任意一点沿同一条螺旋线转一周所移动的轴向距离。单线螺纹的导程等于螺距（$S=P$）（螺距P：螺纹相邻两个牙型上对应点间的轴向距离），多线螺纹的导程等于线数乘以螺距（$S=nP$）（线数n：螺纹的螺旋线数目）。

螺纹的直径，在标准中定义为公称直径，是指螺纹的最大直径（大径d），即与螺纹牙顶相重合的假想圆柱面的直径。

2. 螺纹联接件的基本类型及适用场合

螺纹联接件的主要作用是连接、防松、定位和传递动力。常用的有4种基本类型：①螺栓。这种联接件需用螺母、垫片配合，它结构简单，拆装方便，应用最广。②双头螺柱。它一般用于被联接件之一的厚度很大，不便钻成通孔，且有一端需经常拆装的场合，如缸盖螺柱。③螺钉。这种联接件不必使用螺母，用途与双头螺柱相似，但不宜经常拆装，以免加速螺纹孔损坏。④紧固螺钉。用以传递力或力矩的联接。

3. 螺纹联接件的防松方法

常用有6种防松方法：①弹簧垫圈。其使用简单，采用最广。②齿形紧固垫圈。用于需要特别牢固的联接。③开口销及六角槽形螺母。④止动垫圈及锁片。⑤防松钢丝 。适用于彼此位置靠近的成组螺纹联接。⑥双螺母。

四、机械传动常识

机械传动是一种最基本的传动方式。机械传动按传递运动和动力的方式不同分为摩擦传动和啮合传动两大类。摩擦传动是利用摩擦原理来传递运动和动力的，常用的有摩擦轮传动和带传动两种。啮合传动是利用齿轮啮合来直接传递运动和动力的，常用的有链传动、各种齿轮传动、蜗杆蜗轮传动和螺旋传动等。常用机械传动的类型、特点及形式如表 2－5 所示。

表 2－5　机械传动的类型、特点及形式

传动类型	传动过程	特点	常见形式
带传动	依靠皮带与皮带轮接触间的摩擦力，把原动机的动力传递到距离较远的工作机上，是最简单最常用的方法	1. 结构简单，制造、安装、维护方便，成本低 2. 适用于两轴中心距较大的传动 3. 能吸震和缓冲，运行平稳、噪声小 4 过载时能打滑，防止零件损坏，起保护作用 5. 传动效率低，传动比不准确，外廓尺寸较大，带寿命短	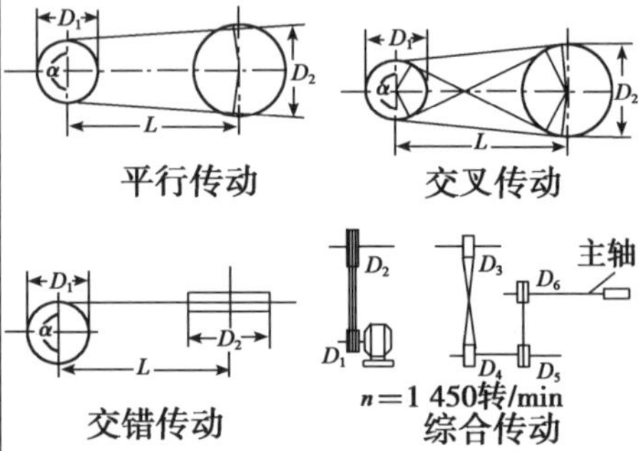 平行传动 交叉传动 交错传动 n＝1 450转/min 综合传动
齿轮传动	利用主动、从动两齿轮的直接啮合，来传递两轴距离较近、转矩较大、传动比要求较严的传动	1. 结构紧凑，工作可靠，使用寿命长 2. 传动比恒定，传递运动准确 3. 传动效率高，传递运动和动力的范围广 4. 制造安装精度高，成本也较高，且不适用于远距离传动	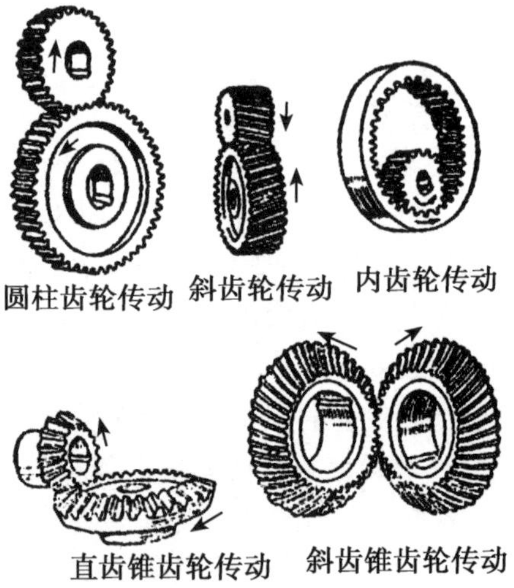 圆柱齿轮传动 斜齿轮传动 内齿轮传动 直齿锥齿轮传动 斜齿锥齿轮传动
链传动	依靠链条的链节与链轮齿的啮合，来传递两轴距较远而速度比又要正确的传动	1. 结构紧凑，安装、维护方便 2. 有准确的传动比，链传动具有中间挠性，但无弹性滑动和打滑现象 3. 能在高温、油污等恶劣环境下工作 4. 传动平稳性差，瞬时速度不均匀，工作时有噪声	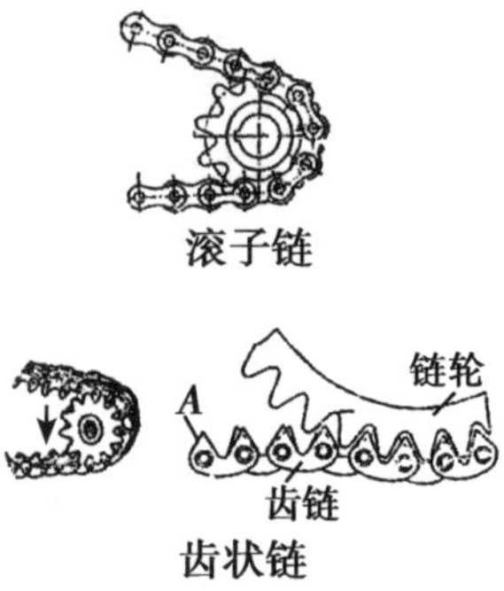 滚子链 链轮 齿链 齿状链

（续表）

传动类型	传动过程	特点	常见形式
蜗杆蜗轮传动	利用蜗杆与蜗轮的啮合来传递两轴轴线交错成90°，彼此既不平行又不相交的运动	1. 结构紧凑、传动比大 2. 工作平稳，无噪声 3. 一般具有自锁性 4. 承载能力大 5. 效率低，易发热 6. 不能任意互换啮合 7. 用于传动功率不大或间歇工作的场合。	

第三节　电工常识

一、电路

1. 电路及其组成

电流流过的路径称为电路。一般电路都是由电源、负载、导线和开关等4个部分组成。

（1）电源　把其他形式的能量转化为电能的装置叫做电源。常见的直流电源有干电池、蓄电池和直流发电机等。

（2）负载　把电能转变成其他形式能量的装置称为负载，如电灯、电铃、电动机、电炉等。

（3）导线　连接电源与负载的金属线称为导线，它把电源产生的电能输送到负载，常用铜、铝等材料制成。

（4）开关　它起到接通或断开电源的作用。

2. 电路的状态

（1）通路（闭路）　电路处处连通，电路中有电流通过。这是正常工作状态。

（2）开路（断路）　电路某处断开，电路中没有电流通过。非人为断开的开路属于故障状态。

（3）短路（捷路）　电源两端被导线直接相连或电路中的负载被短接，此时电路中的电流比正常工作电流大很多倍。这是一种事故状态。有时，在调试电子设备的过程中，人为将电路某一部分短路，称为短接，要与短路区分开来。

3. 电路图

用国家标准规定的各种元器件符号绘制成的电路连接图，称为电路图。

二、电路的基本物理量

1. 电流

导体中电荷的定向流动形成电流。电流不但有方向，而且有强弱，通常用电流强度表示电流的强弱。单位时间内通过导体横截面的电量叫做电流强度，用符号 I 表示，单位是安培，用 A 表示。

电流的大小可以用电流表直接测量，电流表应串联在被测电路中。

2. 电压

在电路中，任意两点间的电位差称为这两点间的电压。电压是导体中存在电流的必要条件。电压的表示符号为 U，单位是伏特，用 V 表示。

电压的大小可以用电压表测量，电压表应并联在被测电路中。

3. 电阻

电子在导体中流动时所受的阻力称为电阻。电阻用符号 R 表示，单位为欧姆，用 Ω 表示。电阻反映了导体的导电能力，是导体的客观属性。实验证明，在一定温度下，导体的电阻与导体的长度 L 成正比，与导体的横截面积 S 成反比。

根据物质电阻的大小，把物体分为导体（容易导电的物体，如金、铜、铝等）、半导体（导电能力介于导体与绝缘体之间的物体，如硅、锗等）和绝缘体（不容易导电的物体，如空气、胶木、云母等）3 种。

4. 欧姆定律

欧姆定律是表示电路中电流、电压、电阻三者关系的定律。在同一电路中，导体中的电流与导体两端的电压成正比，与导体的电阻成反比，这就是欧姆定律，用公式表示为：

$$I = \frac{U}{R}$$

式中：U——电路两端电压，单位 V（伏）；

R——电路的电阻，单位 Ω（欧姆）；

I——通过电路的电流，单位 A（安培）。

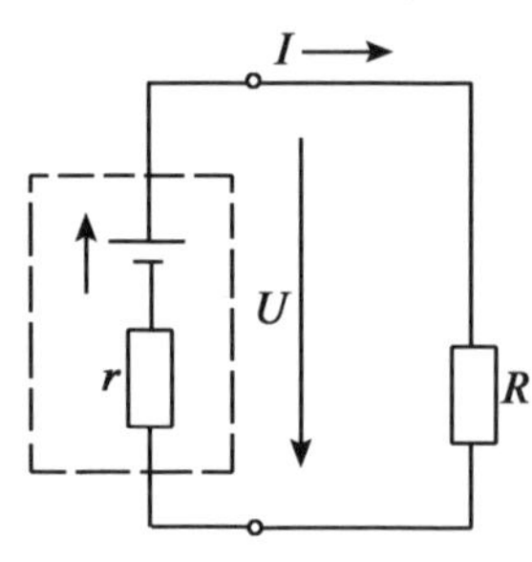

图 2－1　直流电路

三、直流电路

大小和方向都不随时间变化的电流，又称恒定电流。所通过的电路称直流电路，是由直流电源和电阻构成的闭合导电回路，如图 2－1 所示。按连接的方法不同，电路分为串联电路和并联电路两种。

1. 串联电路（图 2－2）

串联电路中各处的电流都相等，用公式表示为：

$$I = I_1 = \frac{U_1}{R_1} = I_2 = \frac{U_2}{R_2} = I_3 = \frac{U_3}{R_3} = \cdots = I_n = \frac{U_n}{R_n}$$

串联电路外加电压等于串联电路中各电阻压降之和：

$$U = U_1 + U_2 + U_3 + \cdots + U_n$$

串联电路的总电阻等于各个串联电阻的总和：

$$R = R_1 + R_2 + R_3 + \cdots + R_n$$

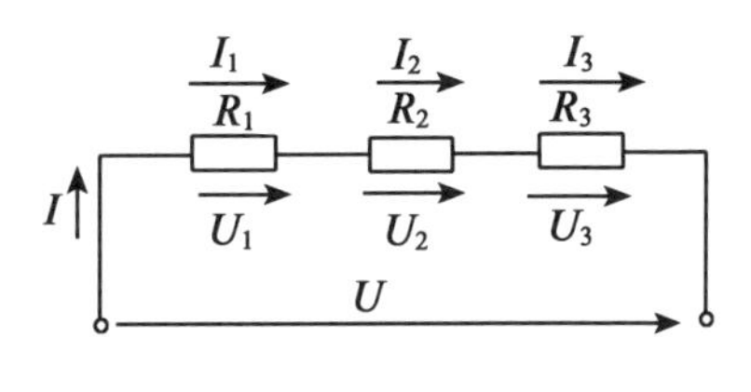

图 2－2　串联电路

2. 并联电路（图 2－3）

并联电路加在并联电阻两端的电压相等，用公式表示为：

$$U = U_1 = U_2 = U_3 = \cdots + U_n$$

电路内的总电流等于各个并联电阻电流之和：

$$I = I_1 + I_2 + I_3 + \cdots + I_n$$

并联电路总电阻的倒数等于各并联电阻倒数之和：

$$\frac{1}{R} = \frac{1}{R_1} + \frac{1}{R_2} + \frac{1}{R_3} + \cdots + \frac{1}{R_n}$$

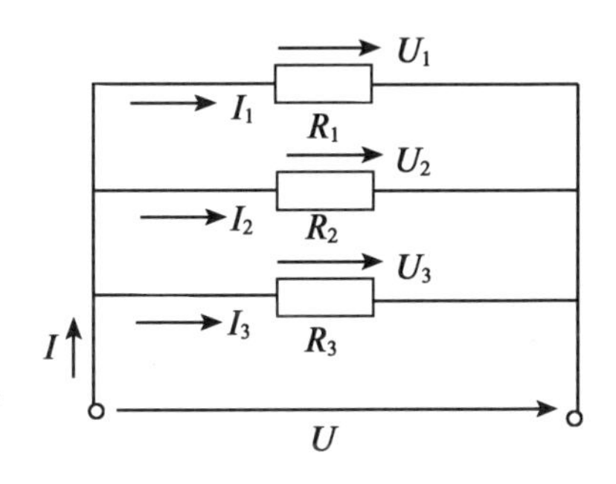

图 2－3　并联电路

四、电磁与电磁感应

电与磁都是物质运动的基本形式，两者密不可分，统称为电磁现象。通电导线的周围存在着磁场，这种现象称为电流的磁效应，这个磁场称为电磁场。

当导体作切割磁力线运动或通过线圈的磁通量发生变化时，导体或线圈中会产生电动势；若导体或线圈是闭合的、就会有电流。这种由导线切割磁力线或在闭合线圈中磁通量发生变化而产生电动势的现象，称为电磁感应现象。由电磁感应产生的电动势叫做感应电动势，由感应电动势产生的电流叫做感应电流。

五、交流电

交流电是指电压、电动势、电流的大小和方向随时间按正弦规律作周期性变化的电路。农村常用的交流电有单相交流电（220V）和三相交流电（380V）两种。

1. 单相交流电

是指一根火线和零线连接构成的电路，大多数家用电器和设施农业用的单相电机都是用的单相交流电（220V）。

2. 三相交流电

由三相交流电源供电的电路，简称三相电路。三相交流电源指能够提供 3 个频率相同而相位不同的电压或电流的电源，最常用的是三相交流发电机。三相发电机的各相电压的相位互差 120°。它们之间各相电压超前或滞后的次序称为相序。三相电动机在正序电压供电时正转，改为负序电压供电时则反转。因此，使用三相电源时必须注意其相序。一些需要正反转的生产设备可通过改变供电相序来控制三相电动机的正反转。

三相电源连接方式常用的有星形连接（图 2－4）和三角形连接两种，分别用符号 Y 和△表示。从电源的 3 个始端引出的三条线称为端线（俗称火线）。任意两根端线之间的电压称为线电压 $U_{线}$，任意一根端线（火线）与中性线之间的电压为相电压 $U_{相}$。星形连接时，线电压为相电压的$\sqrt{3}$倍，即 $U_{线} = \sqrt{3}\,U_{相}$。我国的低压供电系统的线电压是 380V，它的相电压就是 $380/\sqrt{3} = 220$V；3 个线电压间的相位差仍为 120°，它们比 3

个相电压各超前30°。星形连接有一个公共点，称为中性点。三角形连接时线电压与相电压相等，且3个电源形成一个回路，只有三相电源对称且连接正确时，电源内部才没有环流。

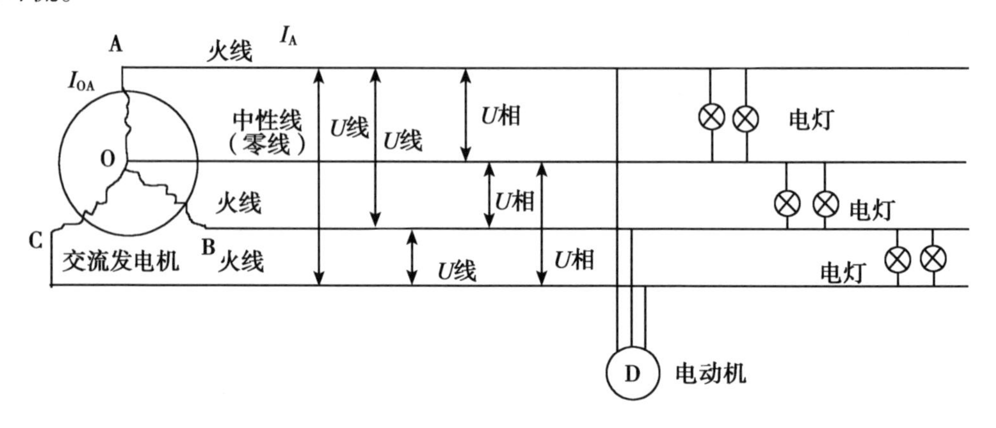

图2-4　三相交流电星形连接

3. 交流电的优点

交流电具有容易产生、传送和使用的优点，因而被广泛地采用。远距离输电可利用变压器把电压升高，减小输电线中的电流来降低损耗，获得经济的输电效益。在用电场合，可通过变压器降低电压，保证用电安全。此外，交流发电机、交流电动机和直流电机相比较，具有结构简单、成本低廉、工作安全可靠、使用维护方便等优点，所以交流电在国民经济各部门获得广泛应用。

六、安全用电知识

不懂得安全用电知识就容易造成触电、电气火灾、电器损坏等意外事故，安全用电，至关重要。

1. 用电事故的原因

首先，从构成闭合电路这个方面来说。它分别有两类型的触电。它们分别是双线触电和单线触电。人体是导体，当人体成为闭合电路的一部分时，就会有电流通过。如果电流达到一定大小，就会发生触电事故。假如，有个人的一只手接触电源正极，另一只手接触电源负极。这样，人体、导线与供电设备就构成了闭合电路，电流流过人体，发生触电事故，这类就叫双线触电。另一类就是，若这个人的一只手只接触正极，而另一只手虽然没有接触负极，但是由于人体站在地上，导线、人体、大地和供电设备同样构成了闭合电路，电流同样会流过人体，发生触电事故，这类就叫单线触电。电流对人体的伤害有3种：电击、电伤和电磁场伤害。电击是指电流通过人体，破坏人体心脏、肺及神经系统的正常功能。电伤是指电流的热效应、化学效用和机械效应对人体的伤害；主要是指电弧烧伤、熔化金属溅出烫伤等。电磁场生理伤害是指在高频磁场的作用下，人会出现头晕、乏力、记忆力减退、失眠、多梦等神经系统的症状。一般认为：电流通过人体的心脏、肺部和中枢神经系统的危险性比较大，特别是电流通过心脏时，危险性最大。所以从手到脚的电流途径最为危险。

再次，从欧姆定律和安全用电这方面来说。欧姆定律告诉我们：在电压一定时，导体中的电流的大小跟加在这个导体两端的电压成正比。人体也是导体，电压越高，通过的电流就越大，大到一定程度时就会有危险了。经验证明，通过人体的平均安全电流大约为 10mA，平均电阻为 360kΩ，当然这也不是一个固定的值，人体的电阻还和人体皮肤的干燥程度、人的胖瘦等因素有关，故通常情况下人体的安全电压一般是不高于 36V。我国规定较干燥环境的安全电压为 36V，较潮湿环境的安全电压为 12V。

在平时，除了不要接触高压电外，还应注意千万不要用湿手触摸电器和插拔电源，不要让水洒到电机等电器上。因为当人体皮肤或电器潮湿时，电阻就会变小，根据欧姆定律，在电压一定时，通过人体的电流就会大些。而且手上的水容易流入电器内，使人体与电源相连，这样会造成危险。

2. 如何避免用电事故

（1）认识了解电源总开关，学会在紧急情况下关断总电源。

（2）不用手或导电物（如铁丝、钉子、别针等金属制品）去接触、探试电源。

（3）不用湿手触摸电器，不用湿布擦拭蓄电池等带电体。

（4）不要在电器上挂置物品。不随意拆卸、安装电源等带电体，不私拉电线，增加额外电器设备。私自改装使用大功率用电器很容易使输电线发热，甚至着火的可能。

（5）不要用拉扯电源线的方法来拔电源插头。使用中发现电器有冒烟、冒火花、发出焦糊的异味等情况，应立即关掉电源开关，停止使用。

（6）选用合格的电器配件，不要贪便宜购买使用假冒伪劣电器、电线、线槽（管）、开关等。

3. 发生触电事故如何处理

发现有人触电要设法及时关断电源，或用干燥木棍等物将触电者与带电的设备分开，不要用手去直接救人。触电者脱离电源后迅速移至通风干燥处仰卧，将其上衣和裤带放松，观察触电者有无呼吸，摸一摸颈动脉有无搏动。若触电者呼吸及心跳均停止，应及时做人工呼吸，同时实施心肺复苏抢救，并及时打电话呼叫救护车，尽快送往医院。

如果发现电器设备着火时应立即切断电源，用灭火器把火扑灭，无法切断电源时，应用不导电的灭火剂灭火，不能用水及泡沫灭火剂。火势过大，无法控制时要撤离机械，并迅速拨打“110”或“119”报警电话求救，疏散附近群众，防止损失进一步扩大。

第三章　相关法律法规及安全知识

随着我国经济体制改革的不断深入，我国的经济发展正逐步走上法制化的轨道。与设施农业装备使用管理有关的法律法规有《中华人民共和国环境保护法》《农业机械化促进法》《农业机械安全监督管理条例》《农业机械运行安全技术条件》和《农业机械产品修理、更换、退货责任规定》等。学习和掌握有关法规，不仅可以促使自己遵纪守法，而且可以懂得如何维护自己的合法权益。

第一节　农业机械运行安全使用相关法规

一、农业机械安全监督管理条例

《农业机械安全监督管理条例》（以下简称《条例》）已经2009年9月7日国务院第80次常务会议通过，自2009年11月1日起施行。全文共七章六十条。《条例》规定，农业机械是指用于农业生产及其产品初加工等相关农事活动的机械、设备。危及人身财产安全的农业机械，是指对人身财产安全可能造成损害的农业机械，包括拖拉机、联合收割机、机动植保机械、机动脱粒机、饲料粉碎机、插秧机、铡草机等。本文着重介绍农机使用操作和事故处理的相关规定。

1. 使用操作

农业机械操作人员可以参加农业机械操作人员的技能培训，可以向有关农业机械化主管部门、人力资源和社会保障部门申请职业技能鉴定，获取相应等级的国家职业资格证书。

农业机械操作人员作业前，应当对农业机械进行安全查验；作业时，应当遵守国务院农业机械化主管部门和省、自治区、直辖市人民政府农业机械化主管部门制定的安全操作规程。

2. 事故处理

农业机械事故是指农业机械在作业或者转移等过程中造成人身伤亡、财产损失的事件。

农业机械在道路上发生的交通事故，由公安机关交通管理部门依照道路交通安全法律、法规处理。

在道路以外发生的农业机械事故，操作人员和现场其他人员应当立即停止作业或者停止农业机械的转移，保护现场，造成人员伤害的，应当向事故发生地农业机械化主管部门报告；造成人员死亡的，还应当向事故发生地公安机关报告。造成人身伤害的，应当立即采取措施，抢救受伤人员。因抢救受伤人员变动现场的，应当标明位置。

二、农业机械运行安全技术条件

由国家质量监督检验检疫总局、国家标准化管理委员会于2008年7月发布的

GB16151—2008《农业机械运行安全技术条件》国家标准于2009年7月1日正式实施。其主要内容如下：

1. 整机

（1）标牌、编号、标记齐全，字迹清晰；号牌完好，安置在规定的部位。

（2）联结紧固，无缺损、裂纹和严重变形；不得有妨碍操作、影响安全的改装。

（3）不准改变原设计传动比，提高行驶速度。

（4）机组允许噪声限值，按GB 6229进行测量，限值符合GB 6376的规定：如皮带传动的轮式拖拉机动态环境噪声为86dB（A），驾驶员操作位置处噪声为95dB（A）.

2. 发动机

（1）发动机零部件完整，外观整洁，安装牢固。

（2）手摇启动的柴油发动机，启动爪不得外突；在环境温度不低于5℃，在5min内，至多启动5次，应能顺利启动。

（3）不同转速下工作平稳、无杂音。最高空转转速不得超过标定转速的10%。在正常的温度及负荷下烟色正常。

（4）功率不低于标定功率的85%；燃油消耗率不超过标定燃油消耗率的15%。

（5）供给、润滑、冷却系统工作良好，不漏油，不漏气，不漏水。

（6）油门操纵灵活，在标定转速至停止供油之间任何位置都能固定。

（7）发动机机架无裂纹和变形。

3. 照明和信号装置

（1）发电机安装正确，无短路、断路。灯泡电压、功率符合规定，接头紧固，导线捆扎成束，固定紧。灯光开关操作方便、灵活、不得因车辆震动而自行接通或关闭。

（2）前照灯按JB/T－6701规定配备，安装位管正确，固定可靠。

4. 其他安全要求

（1）田间乘坐作业或运输作业时，驾驶座位必须牢靠。

（2）运输作业机组，必须装设后视镜，安装位置适宜，镜中影像清晰，能看清车后方的交通情况。

（3）外露转动部分应设有安全防护装置，各危险部位有醒目的安全标志。

第二节　农业机械产品修理、更换、退货责任规定的知识

由国家质量监督检验检疫总局、国家工商行政管理总局、农业部、工业和信息化部审议通过的新《农业机械产品修理、更换、退货责任规定》（以下简称新《规定》），已于2010年6月1日起施行。原国家经济贸易委员会、农业部等部门发布的《农业机械产品修理、更换、退货责任规定》（国经贸质〔1998〕123号）同时废止。相关内容介绍如下：

一、“三包”责任

（1）新《规定》明确指出：“农业机械产品实行谁销售谁负责三包的原则”。销售者

承担三包责任，换货或退货后，属于生产者的责任的，可以依法向生产者追偿。在三包有效期内，因修理者的过错造成他人损失的，依照有关法律和代理修理合同承担责任。

（2）新《规定》对农机销售者规定了 5 条义务，对农机修理者规定了 7 条义务，对农机生产者规定了 5 条义务。

二、“三包”有效期

农机产品的三包有效期自销售者开具购机发票之日起计算，三包有效期包括整机三包有效期，主要部件质量保证期，易损件和其他零部件的质量保证期。

3 个月，是二冲程汽油机整机三包有限期。

6 个月，是四冲程汽油机整机三包有限期、二冲程汽油机主要部件质量保证期。

9 个月，是单缸柴油机整机、18kW 以下小型拖拉机整机三包有效期。

1 年，是多缸柴油机整机、18kW 以上大、中型拖拉机整机、联合收割机整机、插秧机整机和其他农机产品整机的三包有效期，是四冲程汽油机主要部件的质量保证期。

1.5 年，是单缸柴油机主要部件、小型拖拉机主要部件的质量保证期。

2 年，是多缸柴油机主要部件、大、中型拖拉机主要部件、联合收割机主要部件和插秧机主要部件的质量保证期。

5 年，生产者应当保证农机产品停产后 5 年内继续提供零部件。

农机用户丢失三包凭证，但能证明其所购农机产品在三包有效期内的，可以向销售者申请补办三包凭证，并依照本规定继续享受有关权利。销售者应当在接到农机用户申请后 10 个工作日内予以补办。销售者、生产者、修理者不得拒绝承担三包责任。

三、“三包”的方式

“三包”的主要方式是修理、更换、退货，但是农机购买者并不能随意要求某种方式，而需要根据产品的故障情况和经济合理的原则确定，具体规定是：

1. 修理

在“三包”有效期内产品出现故障，由“三包”凭证指定的修理者免费修理，免费的范围包括材料费和工时费，对于难以移动的大件产品或就近未设指定修理单位的，销售者还应承担产品因修理而发生的运输费用。但是，根据产品说明书进行的保护性调整、修理，不属于“三包”的范围。

2. 更换

三包有效期内，送修的农机产品自送修之日起超过 30 个工作日未修好，农机用户可以选择继续修理或换货。要求换货的，销售者应当凭三包凭证、维护和修理记录、购机发票免费更换同型号同规格的产品。

三包有效期内，农机产品因出现同一严重质量问题，累计修理 2 次后仍出现同一质量问题无法正常使用的；或农机产品购机的第一个作业季开始 30 日内，除因易损件外，农机产品因同一一般质量问题累计修理 2 次后，又出现同一质量问题的，农机用户可以凭三包凭证、维护和修理记录、购机发票，选择更换相关的主要部件或系统，由销售者负责免费更换。

三包有效期内，符合本规定更换主要部件的条件或换货条件的，销售者应当提供新的、合格的主要部件或整机产品，并更新三包凭证，更换后的主要部件的质量保证期或更换后的整机产品的三包有效期自更换之日起重新计算。

3. 退货

三包有效期内或农机产品购机的第一个作业季开始30日内，农机产品因本规定第二十九条的规定更换主要部件或系统后，又出现相同质量问题，农机用户可以选择换货，由销售者负责免费更换；换货后仍然出现相同质量问题的，农机用户可以选择退货，由销售者负责免费退货。

因生产者、销售者未明确告知农机产品的适用范围而导致农机产品不能正常作业的，农机用户在农机产品购机的第一个作业季开始30日内可以凭三包凭证和购机发票选择退货，由销售者负责按照购机发票金额全价退款。

4. 对“三包”服务及时性的时间要求

新《规定》要求，一般情况下，三包有效期内，农机产品存在本规定范围的质量问题的，修理者一般应当自送修之日起30个工作日内完成修理工作，并保证正常使用。联合收割机、拖拉机、播种机、插秧机等产品在农忙作业季节出现质量问题的，在服务网点范围内，属于整机或主要部件的，修理者应当在接到报修后3日内予以排除；属于易损件或是其他零件的质量问题的，应当在接到报修后1日内予以排除。在服务网点范围外的，农忙季节出现的故障修理由销售者与农机用户协商。

四、“三包”责任的免除

企业承担“三包”责任是有一定条件的，农民违背了这些条件，就将失去享受“三包”服务的资格。因此，农民在购买、使用、保养农机时要避免发生下列情况：①农机用户无法证明该农机产品在三包有效期内的。②产品超出三包有效期的。③因未按照使用说明书要求正确使用、维护，造成损坏的。④使用说明书中明示不得改装、拆卸，而自行改装、拆卸改变机器性能或者造成损坏的。⑤发生故障后，农机用户自行处置不当造成对故障原因无法做出技术鉴定的。

五、争议的处理

农机用户因三包责任问题与销售者、生产者、修理者发生纠纷的，可以按照公平、诚实、信用的原则进行协商解决。协商不能解决的，农机用户可以向当地工商行政管理部门、产品质量监督部门或者农业机械化主管部门设立的投诉机构进行投诉，或者依法向消费者权益保护组织等反映情况，当事人要求调解的，可以调解解决。因三包责任问题协商或调解不成的，农机用户可以依照《中华人民共和国仲裁法》的规定申请仲裁，也可以直接向人民法院起诉。

第三节　环境保护法规的相关常识

《中华人民共和国环境保护法》（以下简称环境保护法）于1989年12月26日第七届全国人民代表大会常务委员会第十一次会议通过并实施，全文共六章四十七条。现将相关内容介绍如下。

一、环境和环境污染定义

环境是指影响人类生存和发展的各种天然的和经过人工改造的自然因素的总体，包括大气、水、海洋、土地、矿藏、森林、草原、野生生物、自然遗迹、人文遗迹、自然保护区、风景名胜区、城市和乡村等。

环境污染是指危害人体健康和人类生活环境的一种污染现象。包括排放废气污染、废液污染、废固体物污染、噪声污染等。

二、设施农业环境保护的技术措施

（1）严格执行危险品储存管理制度。保管好易燃、易爆或具有腐蚀性、刺激性和放射性的物品。

（2）控制车辆废气的排放。车辆在室内长时间运转时，应注意通风，及时用管道把废气排出室外。

（3）废的液态残余物，可按处理方法相同的废物存放在一起，直接在废物倾倒地点分别用桶进行收集处理，不允许将废油液等以任何途径进入周围环境而造成环境污染。如 1 升废机油可污染 100 万升纯净水。

（4）废的固态残余物，按日常生活垃圾进行处理，分类集中后出售给废品收购部门。

（5）废水可采用污水净化装置处理。

（6）噪声应控制在环境标准要求之内。

第四节　农业机械安全使用常识

在农业生产中，由于不按照农业安全操作规程去作业造成的农机事故约占事故总数的 60% 以上。这些事故的发生，给生产、经济带来不应有的损失，甚至造成伤亡事故。因此，必须首先严格遵守有关安全的操作规程，确保安全生产。

一、使用常识

1. 使用农业机械之前，必须认真阅读农业机械使用说明书，牢记正确的操作和作业方法。

2. 充分理解警告标签，经常保持标签整洁，如有破损、遗失，必须重新订购并粘贴。

3. 农业机械使用人员，必须经专门培训，取得驾驶操作证后，方可使用农业机械。

4. 严禁身体感觉不适、疲劳、睡眠不足、酒后、孕妇、色盲、精神不正常及未满 18 岁的人员操作机械。

5. 驾驶员、农机操作者应穿着符合劳动保护要求的服装，女同志应将长发盘入工作帽内。禁止穿凉鞋、拖鞋，禁止穿宽松或袖口不能扣上的衣服，以免被旋转部件缠绕，造成伤害。

6. 在作业、检查和维修时不要让儿童靠近机器，以免造成危险。

7. 启动机器前检查所有的保护装置是否正常。

8. 熟悉所有的操作元件或控制按钮，分别试用每个操控装置，看其是否灵敏可靠。

9. 不得擅自改装农业机械，以免造成机器性能降低、机器损坏或人身伤害。

10. 不得随意调整液压系统安全阀的开启压力。

11. 农业机械不得超载、超负荷使用，以免机件过载，造成损坏。

二、防止人身伤害常识

1. 注意排气危害。发动机排出的气体有毒，在屋内运转时，应进行换气，打开门窗，使室外空气能充分进入。

2. 防止高压喷油侵入皮肤造成危险。禁止用手或身体接触高压喷油，可使用厚纸板，检查燃油喷射管和液压油是否泄漏。一旦高压油侵入皮肤，立即找医生处理，否则可能会导致皮肤坏死。

3. 运转后的发动机和散热器中的冷却水或蒸汽接触到皮肤会造成烫伤，应在发动机停止工作至少 30min 后，才能接近。

4. 运转中的发动机机油、液压油、油管和其他零件会产生高温，残压可能使高压油喷出，使高温的塞子、螺丝飞起造成烫伤，所以，必须确认温度充分下降，没有残压后才能进行检查。

5. 发动机、消音器和排气管会因机器的运转产生高温，机器运转中或刚停机后不能马上接触。

6. 注意蓄电池的使用，防止造成伤害。

第四章　设施养牛装备常识

第一节　设施养牛基础知识

一、养殖牛分类

1. 肉牛

肉牛即肉用牛，是一类以生产牛肉为主的牛。肉牛的特点是：体躯丰满、增重快、饲料利用率高、产肉性能好，肉质口感好。我国肉牛基本上分为夏洛莱牛、利木赞牛、鲁西黄牛、秦川牛、延边黄牛、三元杂交牛（法国、德国、中国）和乳肉兼用品种西门塔尔牛。

2. 奶牛

奶牛即乳用牛，是一类以生产牛奶为主的牛。我国奶牛主要以中国荷斯坦牛（中国黑白花牛）和荷斯坦牛为主。

二、牛场建筑物的配置

牛场内建筑物的配置要因地制宜，便于管理，有利于生产，便于防疫、安全等。统一规划，合理布局。做到整齐、紧凑，土地利用率高和节约投资，经济实用。

1. 牛舍

中国地域辽阔，南北、东西气候相差悬殊。东北三省、内蒙古自治区、青海等地牛舍设计主要是防寒，长江以南则以防暑为主。牛舍的形式依据饲养规模和饲养方式而定。牛舍的建造应便于饲养管理，便于采光，便于夏季防暑，冬季防寒，便于防疫。

2. 饲料库

建造地位置应选在离每栋牛舍的位置都较适中，而且位置稍高，既干燥通风，又利于成品料向各牛舍运输。

3. 干草棚及草库

尽可能地设在下风向地段，与周围房舍至少保持 50m 以上的距离，单独建造，既防止散草影响牛舍环境美观，又要达到防火安全。

4. 青贮窖或青贮池

建造选址原则同饲料库。位置适中，地势较高，防止粪尿等污水污染，同时要考虑出窖时运输方便，减少劳动强度。

5. 兽医室和病牛舍

应设在牛场下风头，而且相对偏僻一角，便于隔离，减少空气和水的污染传播。

6. 办公室和职工住舍

设在牛场之外地势较高的上风头，以防空气和水的污染及疫病传染。养牛场门口应设门卫和消毒室、消毒。

7. 设置集中挤奶厅

可以根据规模设置一个或数个挤奶厅。挤奶厅内设置泌乳牛头数8%～10%的挤奶栏位。

三、奶牛饲养的主要方式

（一）奶牛舍饲饲养分类

根据饲养管理方式的不同，奶牛舍饲饲养主要有散放式饲养、拴系式饲养和隔栏式饲养等生产方式；对于一些具有放牧条件的地方，主要则采用放牧加补饲的方式。

1. 舍内散放饲养

舍内散放饲养的牛舍较为简单，特点是奶牛不设固定牛床，也不用颈枷和拴系，牛只可以自由出入牛舍，不受任何约束，在运动场上自由采食饲料。牛舍主要供牛休息、避雨和迹阴，地面铺有垫草，冬季逐日增添，待春季天暖时一次清理出去。舍外有运动场，且有青贮饲槽、干草架、饮水槽或饮水器。每天定时把牛赶到挤奶间去挤奶，在挤奶的同时根据牛的产奶量进行精料补饲。这种牛舍建筑投资少，劳动生产率高；但管理粗放，奶牛吃料不均匀、秋冬及早春的多雨和湿冷，均会使产奶量大幅度下降，且垫草消耗量大。

2. 舍内拴系饲养

舍内拴系饲养是一种传统的奶牛饲养方式，我国采用较为广泛。牛舍内设有固定的牛床和颈枷，舍外均设有运动场，作为奶牛活动场地。牛在一定时间内入牛舍后，立即被拴系起来。其优点是位置固定，便于对牛进行精细管理，定时喂料，在床位上采食、挤奶和休息，可以获得较高的产奶量和繁殖率。这种牛舍的建筑造价较高，劳动强度高。为加强个体饲养管理水平，一般采用人工饲喂，不提倡使用送料机械。舍内的粪尿处理，一般用明沟，以便随时清扫，防止堵塞。

3. 舍内散栏饲养

舍内散栏饲养又称自由式牛床。这是20世纪70年代国外开始流行的饲养方式。它吸取了舍养和散放两种方式各自的优点形成的。即在牛舍内设置隔栏、隔栏内为自由牛床，有明确的功能分区，躺卧区、采食区、排泄区各自独立，奶牛可以自由活动、采食、休息，管理上较散放饲养方便得多。牛舍内有较大的活动余地，可较好地满足牛的运动需要，有利于增加奶产量。这种饲养方式一般设有专门的挤奶厅或在牛舍内配置专门的挤奶区域，牛舍面积要比拴系式增大，但在节约劳动力的基础上仍能照顾好牛群。

4. 放牧加补饲饲养

放牧加补饲饲养主要适用于牧区或半农半牧区。牛以放牧为主，仅在挤奶时进行补饲。其优点是可以充分利用草地资源，降低生产成本；但管理比较粗放，生产水平较低。一般在牧地的合适位置设简易棚舍，供挤奶、补饲和避风、遮雨之用。

（二）奶牛饲养阶段划分

根据奶牛的年龄和生理特点，可以分为犊牛（出生到6个月的幼牛，可细分为0～1月龄群，2～4月龄群，5～6月龄群）、青年牛（6～18个月龄的未配母牛）、育成牛（18～28个月龄的奶牛）、成乳牛（28月龄以上的经产母牛，根据繁殖阶段进一步划分为怀孕期、泌乳期、干奶期）。

（三）奶牛饲养生产工艺流程

奶牛饲养中，按照初生犊牛（0～2月哺乳，2～3月龄断奶）→1岁半左右性成熟→2～3岁体成熟（18～24月龄第一次配种）→妊娠（10个月）第一次分娩、泌乳→分娩后两个月，发情、第二次配种→分娩前2个月干奶→第二次分娩、泌乳……淘汰的生产工艺流程（图4－1），有计划、按节律地组织生产。

（四）奶牛饲养主要工艺参数

工艺参数主要包括牛群的划分、饲养日数、配种方式、公母比例、利用年限、生产性能指标、饲料定额等。表4－1是奶牛生产主要工艺参数，供参考。

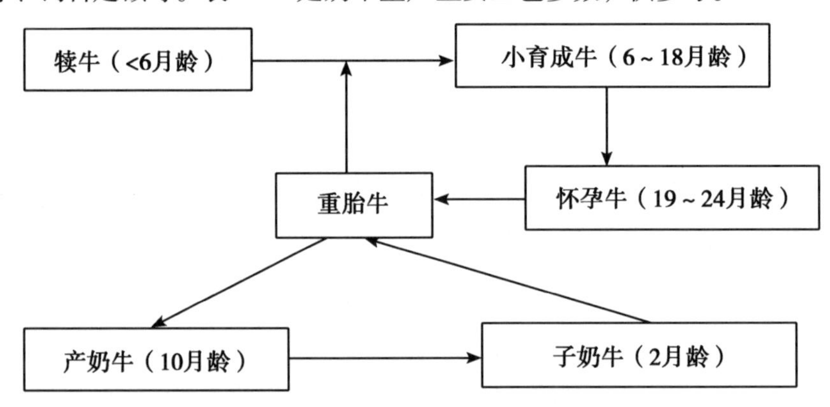

图4－1　奶牛饲养生产工艺流程图

表4－1　奶牛生产主要工艺参数

指标	参数	指标	参数
一、工艺指标			
1. 性成熟月龄	6～12	8. 每胎产仔数	1
2. 适配年龄	♂2～2.5	9. 泌乳期天数	300
	♀1.5～2	10. 干奶期天数	60
3. 发情周期（天）	19～23	11. 奶牛利用年限	8～10
4. 发情持续时间	1～2	12. 犊牛饲养日（1～60日龄）	60
5. 产后第一次发情天数	20～30	13. 育成牛饲养日（7～18月龄）	365
6. 情期受胎率（%）	60～65	14. 育年牛饲养日（19～34月龄）	488
7. 年产胎数	1	15. 成年母牛淘汰率（%）	8～10
二、生产性能			
（一）0～18月龄体重（kg/头）		（二）中等生产水平300d泌乳量（kg）	
1. 初生重	♀36	1. 第一胎	3 000～4 000
2. 6月龄体重	♀170	2. 第二胎	4 000～5 000
3. 12月龄体重	♀275	3. 第三胎	5 000～6 000
4. 18月龄体重	♀370		

（续表）

指标	参数	指标	参数
三、犊牛喂乳量（kg/头·天，30日龄后补饲）			
1. 1～30日龄	5渐增至8	4. 91～120日龄	4渐减至3
2. 31～60日龄	8渐减至6	5. 121～150日龄	2
3. 61～90日龄	5渐减至4		
四、饲料定额（kg/头·年）			
（一）犊牛（160～280kg）		（四）500～600泌乳牛（产奶量5 000kg）	
1. 混合饲料	400	1. 混合饲料	1 100
2. 青饲料、青贮、青干草	450	2. 青饲料、青贮、青干草	12 900
3. 块根块茎	200	3. 块根块茎	7 300
（二）1岁以下幼牛（160～280kg）		（五）500～600泌乳牛（产奶量4 000kg）	
1. 混合饲料	365	1. 混合饲料	1 100
2. 青饲料、青贮、青干草	5 100	2. 青饲料、青贮、青干草	12 900
3. 块根块茎	2 150	3. 块根块茎	1 700
（三）1岁以上青年牛（240～450kg）		（六）450～500泌乳牛（产奶量3 000kg）	
1. 混合饲料	365	1. 混合饲料	900
2. 青饲料、青贮、青干草	6 600	2. 青饲料、青贮、青干草	11 700
3. 块根块茎	2 600	3. 块根块茎	3 500

注：表4－1中符号♂表示雄性，♀表示雌性。

第二节　设施养牛装备的种类及用途

养牛装备包括饲喂设备、饮水设备、挤奶设备、牛饲料制备设备、青贮设备、肉牛屠宰设备、检测设备、兽用器械设备、牛粪处理设备、通风设备等一些科学化养牛设备。

一、牛舍设施与设备

一般奶牛舍内的主要设施有牛床、拴系设备、喂饲设备、饮水设备、清粪设备以及舍外的运动场等和其他一些相关设施。

1. 牛床

牛床必须保证奶牛舒适、安静地休息，保持牛体清洁，便于挤奶操作（舍内挤奶时）并容易打扫。牛床应有适宜的坡度，通常为1%～1.5%。目前，牛床都采用水泥抹面层，并在后半部划线防滑，导热性能好，坚固耐用，易于清洗和消毒。冬季，为降低寒冷对奶牛生产的影响，需要在牛床加铺垫物。最好采用橡胶等材料铺作牛床面层。

2. 拴系设备

拴系设备用来限制牛在床内的活动范围。拴系设备的形式有软链式、硬关节颈架式

3. 饲喂设备

奶牛的饲喂设施包括饲槽、饲料的装运、输送、分配设备以及饲料通道等设施。饲槽有固定式和活动式两种，设置在牛床前面。饲料通道设置在饲槽的前端，一般以高出地面10cm为宜，宽一般为1.5～2cm。

常用的饲喂方式有两种：一是采用单一类型的全日粮配合饲料，即用青贮料和配合饲料调制成混合饲料；二是在采用舍饲散栏饲养时，大部分精料在挤奶时饲喂，青贮料在运动场或舍内食槽内采食，青、干草一般在运动场上饲喂。

4. 饮水设备

牛场舍内饮水设备包括输送管路和自动饮水器或水槽。寒冷地区水槽要求防寒抗冻，必要时冬季可以采用温水。

5. 运动场

运动场多设在牛舍间的空余地带，四周用栅栏围起来，将牛只散放或拴系其内。运动场以三合土地面为宜。运动场应设立补饲槽和水槽。育肥牛一般要减少运动，饲喂后拴系到运动场休息，减少饲料消耗，提高增重。对繁殖母牛，每天应保证充足的运动量和日光浴。对于公牛应强制运动，以保证健康。

6. 其他设备

（1）管理设备　主要包括刷拭牛体器具、拴系器具、清理畜舍器具、体重测试器具，另外还需要配备耳标、无血去势器、体尺测量器械等。

（2）辅助设备　包括兽医防疫设备、场内外运输设备及公用工程设备等。

二、挤奶设备

挤奶设备主要有：移动式挤奶车、桶式挤奶机、管道式挤奶机、厅式挤奶机和挤奶机器人。

1. 移动式挤奶车

这是最早的挤奶机械，适用于奶牛小规模饲养管理模式。其特点是结构小巧，便于移动，价格低，操作简便，易维修，使用成本低，是30头以下奶牛场首选挤奶设备。

2. 提桶式挤奶机

该机是在移动式挤奶车机型上发展起来的，主要用于80头饲养牛位以下的奶牛场。其优点是移动灵活，操作方便，提高挤奶工作效率。缺点是无法计量每头牛挤奶量；挤到奶桶里的牛奶，在流转过程中，存在着二次污染。

3. 管道式挤奶机

为进一步减轻挤奶员的工作强度，提高劳动生产率，减轻环境对牛奶质量的污染，管道式挤奶机应运而生。该机是利用牛舍内“头对头”或“尾对尾”的牛枷，安装循环主收集奶管道，根据安装形式的不同，分为单循环收集管道式和双循环收集管道式。适于中型养牛场的拴系牛舍中。

标准的管道式挤奶机一般配套6～8套挤奶杯组，2～4个挤奶员就可完成挤奶作业。该机配有清洗系统，可以选配电脉动器、奶杯组自动脱落装置、电子式奶计量装置

和乳房按摩功能。

4. 厅式挤奶机

厅式挤奶机适用于专业化的奶牛场，舍饲散放和散栏饲养的奶牛场多采用这种形式。挤奶厅的位置一般设置在成乳牛舍区的中央或多栋成乳牛舍区的一侧。按不同需求配置不同形式和不同挤奶栏位的挤奶台，每个挤奶栏位上都由挤奶器、牛奶计量器、牛奶输送设备、乳房自动清洗和奶杯自动摘卸等装置组成。常见的挤奶台有下列几种形式：平面式、并列式、中置式、鱼骨式和转盘式。

5. 挤奶机器人

是在挤奶机的基础上增加工业机械臂，用计算机进行程序自动控制，实施自动挤奶作业。自动挤奶系统由管理用计算机（包括报警消息）、挤奶室、自动挤奶系统（控制器和操纵器）、牛位处的自动进料装置、视频系统、取样单元、预处理单元、机器单元、选择系统。

三、青贮设施

青贮的方式主要有四种，即采用青贮窖、青贮塔和塑料袋青贮以及地面堆贮，可根据不同的条件和用量选择不同的青贮方法及相应的配套设施。

1. 青贮窖

（1）窖址选择　青贮窖应建在离牛舍较近的地方，地势要高燥、易排水，远离水源和粪坑，切忌在低洼处或树阴下建窖，以防漏水、漏气和倒塌。

（2）窖形和规格　小型青贮窖顶宽 2.0～4.0m，深 2.0～3.0m，长 3.0～15.0m；大型窖宽 10.0～15.0m，深 3.0～3.5m，长 30.0～50.0m。

（3）建窖　土窖壁要光滑，如果利用时间长，最好做成永久性窖。长方形的窖四角修成弧形，便于青贮料下沉，排除残留空气。

（4）青贮窖容积计算和青贮料重　青贮窖的宽、深取决于每日饲喂的青贮量，通常以每日取料的挖进量不少于 15cm 为宜。在宽度和深度确定后，根据青贮需要量，计算出青贮窖的长度，也可根据青贮窖容积和青贮原料容重计算出青贮料重量。

（5）装卸设备　青贮窖可以由青饲料切碎机在切碎的同时装料，或由青饲料收获机后面的拖车运回自卸装入。

2. 地面堆贮

地面堆贮是一种较为简便的方法。选择干燥、平坦的地方，最好是水泥地面。四周用塑料薄膜盖严，也可以在四周垒上矮墙，铺饲料薄膜后再添青料。一般堆高 1.5～2.0m，宽 1.5～2.0m，堆长 3～5m。顶部用泥土或重物压紧。这种形式贮量较少，保存期短，适用于小型养殖规模。

3. 塑料袋贮

采用塑料袋青贮方式有以下优点：投资少，见效快，综合效益高；青贮质量好，粗蛋白含量高，粗纤维含量低，消化率高，适口性好，采食量高，气味芳香；损失浪费极少，霉变损失、流液损失和喂饲损失均大大减少；保存期长，可长达 1～2 年；不受季节、日晒、降雨和地下水位的影响，可在露天堆放；可集中收割、晾晒，短时间内完成青贮生产；储存方便，取饲方便；节省了建窖费用和维修费用；节省了建窖占用的土地和劳力；节省了上窖劳力；不污染环境；易于运输和商品化。必要的条件是将青贮原料切短、切细，装入塑料袋，排尽空气并压紧后扎口即可。如果无抽气机，应装填紧密，加重物压紧。

四、环境调控设备

牛舍环境调控就是调整和控制影响牛生长、发育、繁殖、生产产品等的所有外界条件。牛舍空气环境因素，主要包括温度、湿度、气流、光照、有害气体、灰尘等，它们共同决定了牛舍（主要指封闭式和半封闭式牛舍）的小气候环境。

奶牛比较喜欢低温，需要一个清洁、干燥、空气流通的环境。适宜的环境可以让奶牛保持良好的体况和产奶性能。牛舍通风系统直接影响舍内温度、湿度、表层湿气浓缩度、恒温系数、气流速度、污浊气体浓度、浮尘浓度和病原微生物的传播水平。因此，采用牛舍环境调控设备，为牛的健康生长创造最优的环境条件。

牛舍环境调控设备主要有通风设备和降温设备等。通风设备主要由电风扇、轴流式风机、离心式通风机和各种进、出管道及操纵和调节等组成。降温设备主要有湿帘风机降温、喷雾降温设备和喷淋降温设备等。

设施养殖业中，由于饲养规模大，因此，排放的废弃物量也很大，统计数据表明，我国畜牧养殖业排放的污染物中化学需氧量（COD_{Cr}）的排放量已经超过工业污水和生活污水排放量，成为第一大污染源。

五、清粪设备

清粪设备的主要功用是清洁牛舍的粪便，保持舍内的清洁环境。

1. 清粪形式及设备

牛舍的清粪形式主要有人工清粪、机械清粪、水冲清粪和水泡清粪 4 种。

（1）人工清粪　是人工利用铁锨、铲板、笤帚等将畜禽粪便收集成堆，人力装车或运走。这种方式简单灵活，但工人工作强度大、环境差，工作效率低，成本高。

（2）机械清粪　是利用机械将畜禽粪便从舍内清运出去，常用的清粪机械有拖拉机悬挂刮板式清粪机、刮板式和螺旋式清粪机等。其特点是劳动强度低，工效高，节省劳力和水，费用低，能简化后续粪便处理工作；缺点是一次性投资大，有维护费用。

（3）水冲清粪　是将水贮存在水箱或管道中，定时地冲洗粪沟，将牛的粪便冲入贮粪坑。在牛舍缝隙地板的下面有纵向粪尿沟，沟底坡度为 1%，以使粪液能够顺利地流动，在粪尿沟的侧壁上装有水管和冲洗喷头，喷头朝着流动方向，每隔 8 ~ 10m 安装一个，如图 4 -2 所示。在牛舍清扫之后，向粪尿沟内放水冲洗 1 ~ 2 次，冲洗水压为 392. 3kPa，每次冲洗时间为 1. 5 ~ 2min。常用设备是自动冲水器。特点是设备简单、效率高、工作可靠，有利于舍内卫生，节省劳力和能源消耗；缺点是耗水量大，后续粪便处理工作量大。

（4）水泡清粪　也称自流式清粪，是将粪沟底部做成有一定坡度，粪便在冲洗牛舍的水的浸泡和稀释下成为粪液，在自身重力的作用下流向端部的横向粪沟，再流向舍外的总排粪沟。根据所用设备不同，可分为截流阀门式、沉淀闸门式和连续自流式 3 种。以沉淀闸门式为例。

沉淀闸门式水冲清粪系统的纵向粪尿沟一般上部宽 60～70cm，始端深度为 60～70cm，并有冲洗水管伸向沟底，沟底有 0.5%～1% 的坡度；沟的末端设有闸门，闸门启闭应灵活、封闭要严密，如图 4－3 所示。工作时首先关严闸门，然后向沟内放水至 5～10cm 深，牛的粪便通过缝隙地板落入沟内。每隔 3～4 天打开闸门，同时将粪尿沟始端冲洗水管的阀门打开，放水冲洗粪尿沟，混合物流入横向粪尿沟内，最后流入贮粪池。此后，关闭闸门，再向粪尿沟内放水 5～10cm 深。

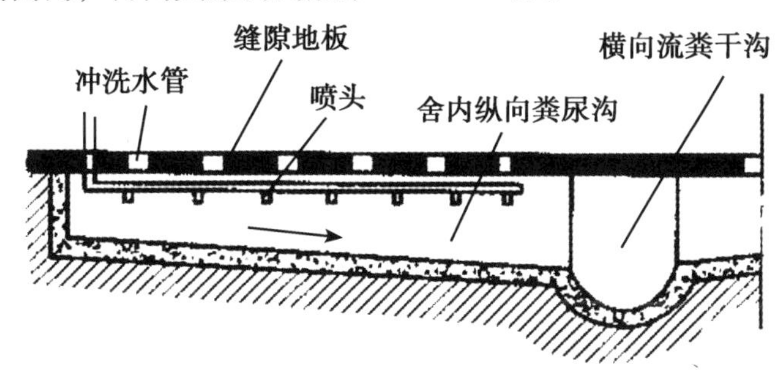

图 4－2　水冲清粪

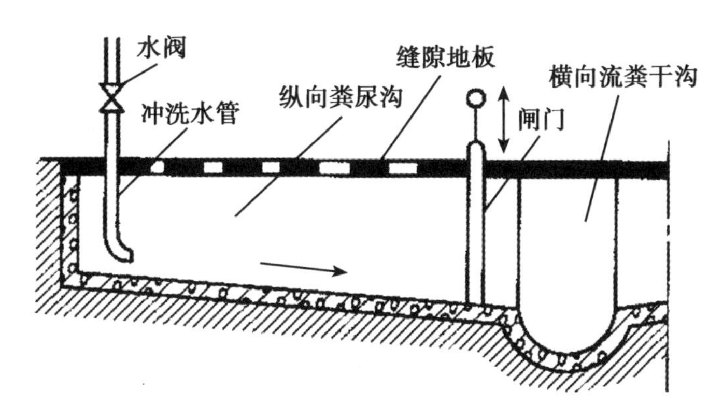

图 4－3　沉淀闸门式水冲清粪系统

目前，国内 2 000头以下的养牛场多采用人工加机械清粪。如单列牛床常用连杆刮板式清粪机、双列牛床常用环行链刮板式清粪机、舍饲散栏饲养牛舍常用双翼形推粪板式清粪机进行清粪。

2. 地板

牛舍内的地板和清粪有密切的关系。牛舍常用地板有普通地板和缝隙地板两种。

（1）普通地板　牛舍的普通地板常由混凝土砌成，一般厚 10cm。地面应向沟或向缝隙地板有 4%～8% 的坡度，以便于尿液的流动，也便于用水清洗。

（2）缝隙地板　缝隙地板是 20 世纪 60 年代开始流行的一种畜禽舍地板，目前，已广泛应用于机械化畜禽场。常用的缝隙地板材料有混凝土、钢制和塑料等。

①混凝土缝隙地板产。常用于大牲畜如成年的猪和牛。一般由若干栅条组成一个整体，每根栅条为倒置的梯形断面，内部的上下有两根加强的钢筋，上面两侧制成圆角以减少牲畜足部的损伤。混凝土缝隙地板坚固耐用，是目前常用的形式。

②钢制缝隙地板。小牛用钢制缝隙地板有带孔型材（图 4－4）。钢制缝隙地板寿命

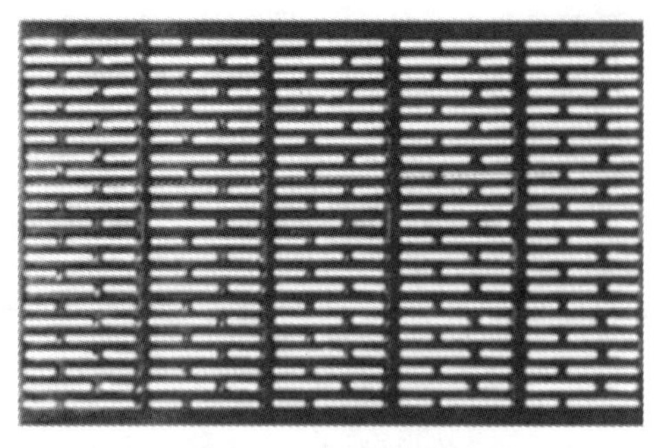

图4－4 钢制缝隙地板

比较短，为2～4年，涂上环氧树脂可延长其寿命。

3. 清粪通道与粪尿沟

清粪通道同时也是牛出入的通道，清粪通道一般需设置一定的坡度，并设置防滑凹槽。

人工清粪牛舍一般在牛床和通道之间设置粪尿沟，粪尿沟要求不渗漏和壁面光滑。沟宽30～40cm，深10～15cm，纵向排水坡度1%～2%。

六、粪便处理设备

根据牛的粪便处理形态常用的有液态处理和固态处理2种。

（一）液态粪污处理设备

液态处理常用的设备有固液分离设备、生物处理塘、氧化沟和沼气池等。其优点是劳动消耗少，有些设施如厌氧生物塘等耗能也少，缺点是耗水量大，占地面积大，液粪容量大输送困难。

（二）固态粪污处理设备

固态粪污处理设备大多应用的是好氧发酵工艺，主要有塔式发酵干燥、旋耕式浅槽发酵干燥及螺旋式深槽发酵干燥等多种型式，尤以采用深槽发酵形式居多。固态处理的优点是节约水，工艺流程短，设施紧凑，占地面积小，缺点是劳动消耗量相对较大。

七、防疫消毒设备和设施

消毒是指用物理的、化学的和生物的方法清除或杀灭畜禽体表及其生存环境和相关物品中的病原微生物及其他有害微生物的过程。

1. 防疫消毒的目的

目的是切断病原微生物传播途径，预防和控制外源病原体带入畜群进行传播和蔓延，减少环境中病原微生物的数量。

2. 消毒对象

设施养殖场消毒的主要对象是进入养殖场生产区的人员、交通工具、畜禽舍内外环境、舍内设备等。

3. 消毒方法

常用的消毒方法有物理消毒法、化学消毒法和生物消毒法3种。

物理消毒法指机械清扫、高压水冲洗、紫外线照射及高压灭菌处理。

化学消毒法指采用化学消毒剂对养殖舍内外环境、设备、用具以及畜禽体表进行消毒。

生物学消毒指对畜禽粪便及污水进行生物发酵，制成高效有机物后利用。

4. 防疫消毒设备和设施

常用防疫消毒设备有高压清洗机、紫外消毒灯、喷雾消毒机械、高压灭菌容器。主要消毒设施包括生产区入口消毒池、人行消毒通道、尸体处理坑、粪便发酵场和专用消毒工作服、帽、胶鞋。这里主要讲蹄浴消毒池。

蹄浴消毒池，简称蹄浴池。直接设置在奶牛返回通道上，奶牛场可根据实际需要每周进行 1 ~2 次蹄浴。在设计时要注意以下几点。

（1）由于返回通道上设置了牛蹄浴池，放慢奶牛返回牛舍的速度，因而蹄浴池要尽可能远离挤奶台以减小对其影响。

（2）蹄浴池与返回通道同宽，深 15cm，要求至少能盛 10cm 深的液体。最小长度 220cm，两端设置相应坡度。

（3）为避免大量的牛蹄污物落入蹄浴池内，污染消毒液，应在蹄浴前让牛蹄先通过清水池。

5. 常用消毒剂种类

养牛常用的消毒剂有碱性消毒剂（2% ~4% 浓度的氢氧化钠和氧化钙）、醛类消毒剂（8% ~40% 浓度的甲醛溶液）、含氯类消毒剂（漂白粉、次氯酸钠、氯亚明、二氯异氰尿酸钠和二氧化氯等）、含碘类消毒剂（有碘酊、复合碘溶液和碘伏）、酚类消毒剂（有石炭酸、消毒净、来苏尔、氯甲酚溶液和煤焦油皂液）、氧化类消毒剂（有过氧乙酸、双氧水和高锰酸钾）、季铵盐类消毒剂（有新洁尔灭、杜米芬、百毒杀、洗必泰、百毒清）和醇类消毒剂（有乙醇和异丙醇）。

第二部分　设施养牛装备操作工——初级技能

第五章　设施养牛装备作业准备

相关知识

一、养牛饮水准备

1. 养牛饮用水

准备养牛需要的饮水，应根据牛的种类、个体、年龄、饲料性质、气候等因素不同而准备不同饮水。

牛体含水量一般占其体重的55%～65%，牛肉含水量约占64%，牛奶含水量为86%。奶牛所需要的水主要来自饮水、饲料中的水分及代谢水（即动物新陈代谢过程所产生的水）只能满足其需要的5%～10%。一般来说，在平常气温下，每100kg体重要求每天供应10L，在热天可增加到12L。粗略的讲，奶牛日需水26～66L。每天上、下午各喂水一次，夏天宜增加饮水次数。

2. 牛饮水设备配备的基本原则

（1）保证充足的水流量。水流不能太小，要保证水流的直径。

（2）避免饮水槽的拥挤。牛群一旦被放开，所有的牛都会挤到饮水槽前面，所以需要大流量的和很长的饮水槽。

（3）根据不同的饲养棚选择不同类型的饮水器。例如，一个大的饲养棚，在很短的时间内需要300～600L的水量供应，这时就要选择一个大容量的饮水器。

（4）在饮水槽上应同时放几个饮水器，防止强壮的牛独占饮水器。

（5）要使用防冻饮水器。既能保证空气流通又能防止结冰，而不用封住整个牛圈。

（6）提供适宜温度的水。10℃或15℃的水比5℃的水更适合饮用。

（7）提供清洁的水。被污染的水会弄脏牛圈，甚至会感染牛的乳头和肛门。

3. 养牛饮水准备的内容

（1）准备清洁卫生、足量的饮水源。

（2）检查水压是否符合要求。

（3）准备饮水设备和水源输送管道。

（4）清洁饮水槽和饮水器。

（5）检查饮水器和水管道技术状态。

二、养牛场供水系统的组成

一个完整的养牛场供水系统包括取水设备、贮水塔、水管网及饮水设备等组成

(图5－1)。

1. 取水设备

主要是水泵、电机和进水管道等。

2. 贮水塔

又称高位贮水箱，是供水系统中的贮水设备，其作用是：①储备一定水量来平衡水泵供水量和配水管网需水量之间的差额。②储备一定量的水以供消防和其他用水。③在配水管网内形成足够的水压，使水有一定的流速流向各用水点。

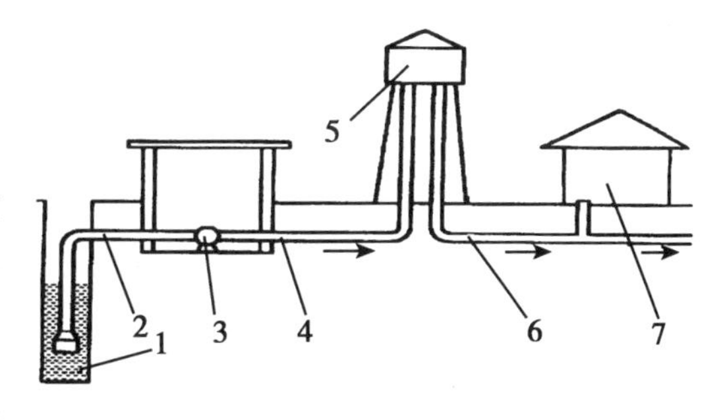

图5－1　牛场供水系统示意图

1－水源；2－吸水管；3－抽水站；4－扬水管；5－贮水塔；6－配水管；7 牛舍

在贮水箱上连接有扬水管、配水管、溢水管和放水管。扬水管将水泵从水源压送来的水引入到水箱中。配水管把水从水箱沿配水管网送至各用水点，为了保证供水的清洁，避免水箱底部的沉淀物进入配水管网，配水管进水口应高于水箱底100～150mm。溢水管的作用是在水箱装水过满时排出多余的水，放水管则是为了在检修或清洗时放水之用。

在中、小型养牛场也可用压力罐来替代贮水塔。压力罐由气水罐、压力继电器、供水－配水管路等组成（图5－2)。压力罐工作时，向各用水点供水的同时将多余的水输送至气水罐。气水罐内因水位不断上升而使气压升高，水位达到上限水位时，压力继电器切断电动机电源，水泵停止工作。此时气水罐内的水在罐内气压的作用下继续流向供水点，水位降低，气压也随着水位的下降而降低，当水位下降到下限水位时，压力继电器将电动机电源重新接通，水泵又开始工作。压力罐的优点是投资少，比高位贮水箱可减少投资50%～85%。但需要可靠的电力供应保证。在用压力罐供水时要有过滤装置滤去水中的泥沙等杂质，以保证牛的饮水卫生和防止泥沙堵塞饮水器。

3. 水管网

水管网主要包括扬水管、配水管、溢水管、放水管和阀等。扬水管将水泵从水源压送来的水引入到水箱中。配水管把水从水箱沿配水管网送至各用水点，为了保证供水的清洁，避免水箱底部的沉淀物进入配水管网，配水管进水口应高于水箱底100～150mm。溢水管的作用是在水箱装水过满时排出多余的水，放水管则是为了在检修或清洗时放水之用。

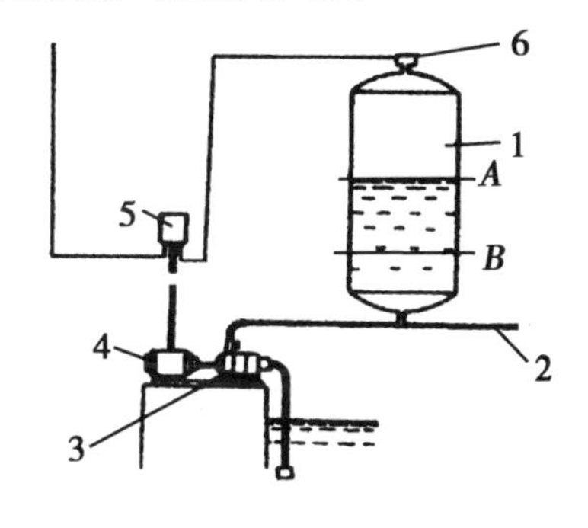

图5－2　压力罐示意图

A　上限水位；B　下限水位

1－气水罐；2－供水、配水管路；

3－水泵；4－电动机；5－磁力启动器；

6－压力继电器

在管路中装有调压阀、过滤器、加药器和自动饮水器等组成。

4. 饮水设备

养牛饮水设备主要是水槽和饮水器等。水槽有电加热和不加热的2种。

三、牛饲料准备

根据牛的种类、大小等准备牛饲料品种、粒度、数量等，并运送到制备机边。

1. 饲料粉碎

牛饲料粉碎是指使用机械（铡草机）通过撞击、研磨或剪切等方式将物料颗粒变小的过程。其作用是：①提高饲料消化率、增加饲养效果。②容易混合均匀、提高饲料质量。③满足客户需要、改善感官性状。

2. 饲料粒度

根据牛的生长特性，通过机械把牛饲料加工成不同形状、大小的固体颗粒。其作用是：①增加动物胃肠道消化酶或微生物作用的机会，提高饲料的消化利用率。②有效防止粉状配合料混合不均。③提高饲料的调制效果和熟化程度，改善制粒和挤压效果。④便于动物采食，减少饲料浪费⑤便于储存和运输。

3. 饲料混合

饲料混合是指将配合好后的各种物料在卧式或立式混合机的作用下相互搀和，使物料能够均匀地混合分布的过程。其作用是将配合的物料组分混合均匀，使动物采食到符合配方要求的饲料。确保配合饲料质量和提高饲料利用率。

饲料混合质量的要求：在混合物的任何一个部位截取一个很小容积的样品，在其中也应该按配方比例地包含每一组分。表达混合均匀度方法是“变异系数”。

4. 奶牛饲料搭配注意事项

（1）合理搭配各种饲料　奶牛消化饲料是依靠牛胃里微生物的发酵来完成的，而牛胃里的微生物需要一个相对稳定的环境，有啥喂啥的办法不利于奶牛的牛胃健康，也就不利于消化。最好的办法是将各种饲料合理搭配，每一种饲料都不宜喂得太多。每头奶牛的具体饲喂范围见操作技能。

（2）干草青草混配　平时在有青草的季节要抓紧时间晾晒干草，不要让牛全部吃青草。

（3）块根类饲料不宜多喂　如胡萝卜、南瓜因水分含量太高。

（4）精料量　按产奶多时多给精料，产奶少则少给精料，但最多每天精料喂量不能超过12kg，同时在精料喂量大的情况下，增加饲喂次数，以减缓牛胃酸度的上升。

四、牛饲喂机械的准备

1. 准备铡草机和青贮取草机，并检查其技术状态。
2. 准备全混合日粮饲料制备机等，并检查其技术状态。
3. 准备上、卸料皮带等辅助设备。
4. 准备混合的各种饲（草）料。
5. 清洁饲喂槽。

五、机械技术状态检查目的要求

1. 检查目的

是保证设施养殖装备及时维修，作业性能良好安全可靠。

2. 检查前要求

（1）熟读产品说明书或经过专门培训，熟悉该机具的结构、工作过程。

（2）掌握机具操作手柄、按键或开关的功用和操作要领。

（3）掌握该机具的安全作业技术要求。

六、机械技术状态检查内容

由于各装备的结构不一样，检查的内容有异，其共性内容主要包括动力部分、电源和电路、传动部分、操作部件和工作部件等。

1. 动力部分

（1）检查发动机　检查发动机的冷却水、机油、燃油的数量、质量和有无泄漏；输出功率和转速是否正常等。

（2）检查电动机　检查电动机和启动设备接地线是否可靠和完好；接线是否正确；接头是否良好；检查电动机铭牌所示额定电压、额定频率是否与电源电压、频率相符合；检查电动机绝缘电阻值和部分电机的电刷压力；检查电动机的转子转动是否灵活可靠，轴承润滑是否良好；检查电动机的各个紧固螺栓以及安装螺栓是否牢固等。

2. 电源和电路

检查电源、电压是否稳定正常；检查电路接线正确，接头牢固无松动；检查电路线无损坏绝缘良好；检查安全保险装置灵敏可靠；检查设备用电与所用的熔断器的额定电流是否符合要求。

3. 传动部分

检查外围是否有安全防护装置；检查各机械连接是否可靠、有无松动等，运转无异响；检查皮带或链条的张紧度是否适宜；检查润滑和密封性是否良好等。

4. 操作部件

要求转动灵活，动作灵敏可靠。

5. 工作部件

要作业可靠、符合设施养殖要求。

6. 周围环境要求无不安全因素

七、机械技术状态检查方法

作业前的检查方法主要是眼看、手摸、耳听和鼻闻。

1. 眼看

（1）围绕机器一周巡视检查机器或设备周围和机器下面是否有异常的情况，查看是否漏机油、漏电等，密封是否良好。

（2）检查各种间隙大小和高温部位的灰尘聚积情况。

（3）检查保险丝是否损坏，线路中有无断路或短路现象。检查接线柱是否松动，若松动，则进行紧固。

（4）查看灯光、仪表是否正常有效。

2. 手摸

（1）检查连接螺栓是否松动。

（2）检查各操作等手柄是否灵活、可靠。

（3）手压检查传动带或链条张紧度是否符合要求。

（4）手摸轴承相应部位的温度感受是否过热。若感到烫手但能耐受几分钟，温度在50～60℃；若手一触摸就烫得不能忍受，则机件温度已达到80℃以上。

（5）清除动力机械和其他设备周围堆积的干树叶、杂草等易燃物。

3. 耳听

（1）用听觉判断进排气系统是否漏气，若有泄漏，则进行检修。

（2）用听觉判断传动部件是否有异常响声。

4. 鼻闻

用鼻闻有无烧焦或异常气味等，及时发现和判断某些部位的故障。

操作技能

一、进行奶牛饲料合理搭配

合理搭配一头奶牛每天应喂多少饲料的配方。

1. 青贮饲料每天20～25kg。
2. 搭配优质干草（青干草），每天不低于4kg。
3. 块根类饲料如胡萝卜、南瓜每天需3～5kg。
4. 新鲜青草的喂量每天不超过12kg。
5. 菜子饼、棉子粕在饲料中的用量不能超过10%。
6. 辅料如啤酒糟、玉米渣、豆腐渣、苹果渣每天10kg左右。
7. 精料量按每产2.5～3kg奶多1kg精料饲喂，但最多每天精料喂量不能超过12kg。

二、电加热饮水设备作业前技术状态检查

检查前必须断电，操作人员应穿胶底鞋等防护用品，并进行消毒处理，以免造成人身伤害和病菌传染。

1. 清洁饮水槽、饮水器等。
2. 检查水管水压是否正常，水管路不渗漏水。
3. 检查电源、电压是否稳定正常；检查电路接线是否正确，接头是否牢固无松动；检查电路线是否绝缘良好；检查漏电保护装置是否灵敏可靠。
4. 检查电加热器功能是否正常。
5. 检查加热前是否向饮水槽蓄水，严禁干烧。
6. 检查饮水器的技术状态是否良好。
7. 检查是否有腐蚀性液体进入饮水设备。
8. 检查水温传感器及自动控制装置技术状态是否良好。

三、通风设备作业前技术状态检查

1. 检查机电共性技术状态是否良好。

2. 检查风扇安装的高度是否大于2.2m。

3. 检查风机叶片是否完好，无变形，连接牢固。

4. 检查通风设备表面的油污或积灰是否清除，不能用汽油或强碱液擦拭，以免损伤表面油漆部件的功能。

5. 检查电源和电线管路是否良好。

6. 检查电控装置是否灵敏可靠。

7. 检查电机轴承注油孔是否注入适量机油。

8. 检查各连接螺栓是否拧紧可靠。

四、铡草机作业前技术状态检查

1. 检查是否按本说明书的规定进行安装调试，使用和保养。

2. 检查铡草机是否放在地面平坦地面上，有一定的操作空间，工作场地应宽敞并备有防火设备。

3. 检查外接电源是否良好，电源线是否安全，接线是否牢固，避开线路与操作人员接触。

4. 检查机器上的各种防护罩是否齐全，不得拆卸；用拖拉机为动力时，要对传动皮带进行安全防护。

5. 检查变速轮直径是否变化，不得私自更换各种变速轮来提高主轴的转速。

6. 旋转主轴皮带轮，检查是否有卡滞和异常声响。

7. 检查动、定刀是否锋利及有无崩刃情况，如不锋利要及时刃磨，崩刃需更换，以免阻力过大损坏刀体。

8. 检查铡草机定、动刀片间隙是否符合技术要求，不符合应进行调整。

9. 检查挡草板与喂入辊间隙是否在0.3～0.5mm，如不符合，应调整。

10. 检查各部件的紧固件情况，防止其松动或脱落，以致造成机器损坏。

11. 各注油孔是否加注46#纯净机油。

五、固定式全混合日粮饲料制备机作业前技术状态检查

1. 检查安装时需根据上料机与出料机配置高度，确定该制备机的安装高度。

2. 检查机器技术状态参见相关知识。

3. 检查料箱内各搅龙轴端法兰等处的连接螺栓、螺母等是否松动。松动要重新拧紧。

4. 检查搅龙叶片刀片的磨损情况，如钝则重磨锋利或更换切刀。

5. 检查轮罩内链条等处的润滑情况，同时要给轴承添加润滑脂。

6. 检查传动链条的张紧度，并进行必要的调整。

7. 检查箱体内转动轴上的缠绕物是否清理干净。

8. 检查齿轮箱润滑油液面高度，不足应添加。

9. 校正称重系统的零位和检查其灵敏度。

10. 检查营养员是否提供了饲料配方数据。

六、牵引式全混合日粮饲料制备机作业前技术状态检查

1. 机器技术状态检查参见固定式全混合日粮饲料制备机。

2. 检查连接动力传输轴的转向和转速是否相符。

3. 检查拖拉机和制备机的连接是否可靠，特别要锁好轴心销。如在动力传输时，还应先手拉检验连接销是否可靠，传动轴必须有防护装置。

4. 检查拖拉机轮胎压力是否正常，不足则充气到规定的压力。

5. 检查液压油管和油缸是否有磨损、泄漏和损伤等，如有应更换。

第六章　设施养牛装备作业实施

相关知识

一、设施养牛饮水设备种类及组成

牛饮水设备种类主要有电加热饮水槽和自动饮水器等。

1. 电加热饮水槽

电加热饮水槽如图6－1所示，多采用不锈钢材质，从排水方式上分为翻转式和下漏式，从温度控制上分为可控温度和不可控温度两种型式。主要由电器加热控制系统、保温水槽体、给水电磁阀、液位控制浮球和电加热管五部分组成。具有不易腐蚀锈蚀、易于清洗、坚固可靠；自动补水，调结水位高低；快速排水便于清洗；有效防冻，确保水源畅通等特点。

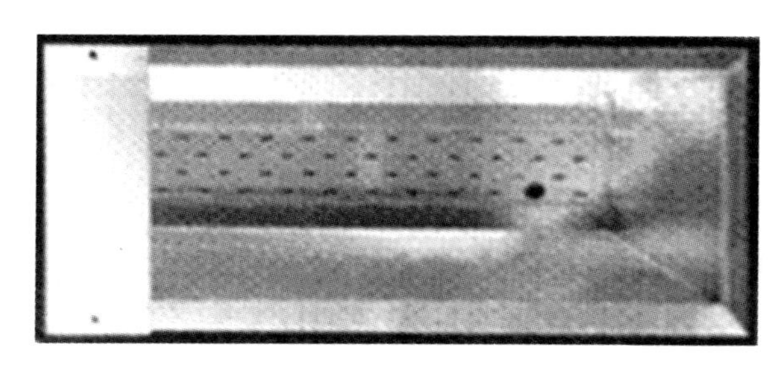

图6－1　电加热饮水槽外形图

2. 自动饮水器

自动饮水器如图6－2所示，采用高密度食品级聚乙烯热滚塑一次性中空成型，保温层采用聚氨脂整体发泡成型，具有抗冲击强度高；抑菌性、抗紫外线、耐腐蚀性、抗冲击性好；进水阀自动补水确保饮水器内的水面始终不会降低，避免饮水污染；清洗、补水快速的特点。

图6－2　自动饮水器外形图

3. 饮水设备加热系统功率的计算（以6牛位上表面积1.2m^2的饮水器为例）

饮水器电加热功率损耗计算主要有以下几部分：水的表面积与空气的对流、水的表面积蒸发、水与不锈钢材料的传导、水温度的提升吸热。

（1）水的表面积与空气对流散热功率损耗 $P_1 = ME_1T_{\triangle}$（M 表示饮水槽水的表面积，为1.2m^2；E_1 表示1m^2 温度差为1℃时的散热系数；$T_{\triangle}$ 表示水的表面积温度与水槽外环境的温度差）。

（2）水的表面积蒸发吸热主要是在有风的情况下，但和水的表面积、温度差都有正比例关系。$P_2 = ME_2T_{\triangle}$（E_2 表示1m^2 温度差为1℃时的蒸发散热系数）。

（3）水与不锈钢材料的热传导也和水的表面积、温度差都有正比例关系，如有保温材料则这部分可以不考虑。如果考虑也定义 $P_3 = M_3E_3T_{\triangle}$（$M_3$ 表示饮水槽水与不锈钢接触的表面积，约为 $2.4m^2$；E_3 表示 $1m^2$ 温度差为1℃时的与不锈钢传导散热系数）。

在内蒙古呼和浩特、多伦现场及冷库内试验测试得出的多组实际经验数据是：六牛位加热功率为600W 的饮水器，外界温度为 -20℃，水槽内液位高度 20cm 的时候，水槽内水温度为 5℃；外界温度为 -15℃时，水槽内水温度为 10℃等；所以有：$600 = 1.2 \times 25E_{平}$，$E_{平} = 20W$。

因此，如果外界温度为 -20℃，水槽内液位高度 20cm 的时候，要让水槽内水温度为 10℃，即温度差为 30℃时，则水槽加热功率要增大到 720W，才能维持平衡；但这要求给饮水槽供水的温度要在 10℃以上，如果供水水温是 5℃，2min（每批 6 头牛同时饮水时，如无外供水，饮水槽内的水量可供的饮用时间）内将 $0.24m^3$ 的水加热到 10℃所需要的加热功率值为：根据能量守恒加热能量等于水温度升高吸收的能量，即：$Pt = VCT$（V 表示体积单位 L，C 表示水的比热容，T 表示摄氏度，水温升高的度数），所以有 $P \times 120 = 240 \times 4\ 200 \times 5$，$P = 42\ 000W$。

要用这么大功率的饮水槽是不切实际的，因此电加热饮水器的加热功能主要是用来维持外界供水水温的，外界供水水温的高低对牛只饮到水的水温起决定性作用。

二、牛舍通风功用形式及设备种类和组成

（一）牛舍通风的功用

通风即进行舍内空气交换。牛舍通风有以下功用：

（1）为牛群提供氧气　让新鲜的空气能够通过设计好的通风口进入牛舍。

（2）牛舍通风换气　让进入到牛舍的新鲜空气能够和舍内的空气充分混合，进行通风换气。

（3）维持牛舍温度　保持均衡适宜的奶牛比较喜欢低温环境，缓解牛舍内的闷热状况。

（4）净化牛舍空气　如图 6－3 所示，新鲜空气进入牛舍与湿气、有害气体、灰尘、热气、病菌混合成为污浊空气后从牛舍排出去的过程，从而净化空气、降低牛舍空气湿度和温度。

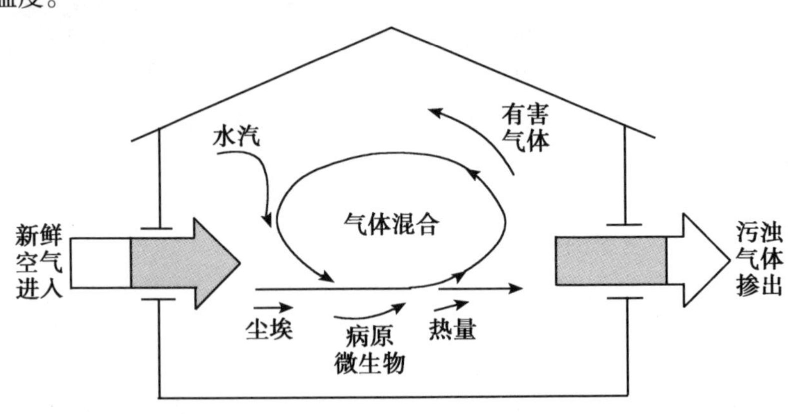

图6－3　基本的通风过程

牛舍通风系统直接影响舍内温度、湿度、表层湿气浓缩度、恒温系数、气流速度、污浊气体浓度、浮尘浓度和病原微生物的传播水平。

（二）牛舍通风的形式

牛舍通风方式有自然通风和机械通风两种形式（图6－4）。

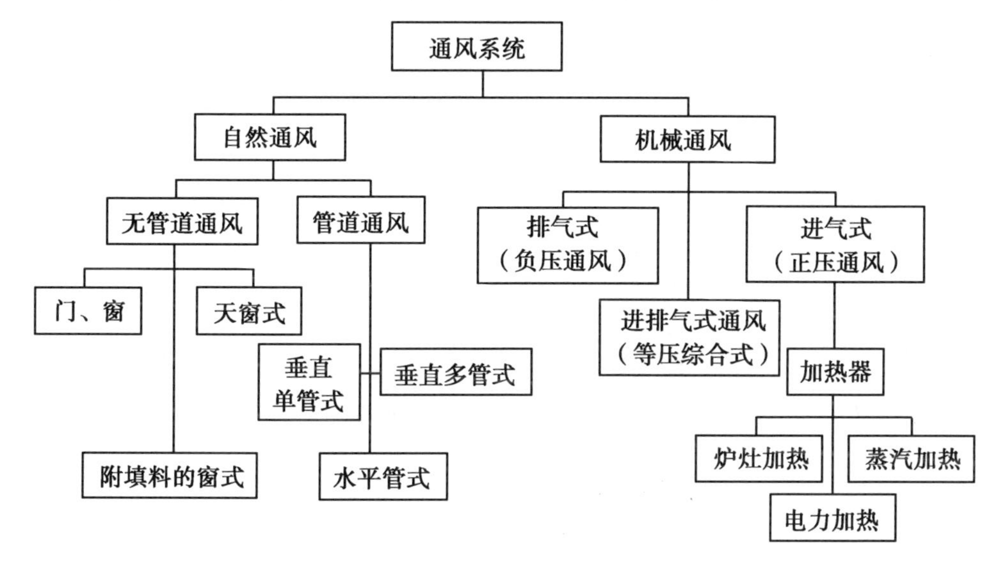

图6－4　牛舍通风换气形式

1. 自然通风

自然通风又称为重力通风或管道通风。自然通风是借助舍内外的温度差产生的"热压"或者"风压"（自然风力产生），使舍内外的空气通过开启的门、窗和天窗，专门建造的通风管道以及建筑结构的孔隙等进行流动的一种通风方式。风压通风是当舍内迎风面气压大于舍内气压形成正压，气流通过开口流进舍内，而舍背风面气压小于舍内气压形成负压，则舍内气流从背风面流出，周而复始形成风压通风。热压通风是当舍外进入或舍内地面空气被加热，其密度小于舍外空气，因而变轻上升，从畜舍上部的开口流出，新鲜空气经进气口进入舍内以补充废气的排出。大多数情况下，自然通风是在"热压"和"风压"同时作用下进行。其优点是不消耗动力，尤其是对于跨度不超过12m的牛舍，很容易满足通风要求，而且比较经济；缺点是除通风能力相对较小和通风效果易受外界自然条件影响外，还需设置较大面积的通风窗口，夏季无风时通风效果较差。常用于开放式或半封闭式牛舍。

2. 机械通风

机械通风又称强制通风，是依靠风机产生的风压强制空气流动，使舍内外空气交换的技术措施。特点是通风能力强，通风效果稳定；可以根据需要配用合适的风机型号、数量和通风量，调节控制方便；可对进入舍内空气进行加温、降温、除尘等处理，实现养殖环境智能控制通风。缺点是风机在运行中会产生噪声，对牛的生长产生影响，需要增加投资。该设备适用于设施农业中密闭式或者较大的有窗式棚舍。机械通风又可分为负压通风、正压通风、联合通风和全气候式通风4种方式。

（三）牛舍通风设备种类及组成

牛舍通风设备常用的有电风扇、轴流式风机和离心式通风机。

1. 电风扇

电风扇是用电动机的转子带动风叶旋转来推动空气流通。有吊挂式和壁窗式。

2. 轴流式风机

该风机所吸入空气和送出空气的流向和风机叶片轴的方向平行，故称之为轴流式风机。

（1）组成　它由轮毂、叶片、轴、外壳、集风器、流线体、整流器、扩散器、电机及机座等部件组成（图6－5）所示，叶片直接装在电动机的转动轴上。

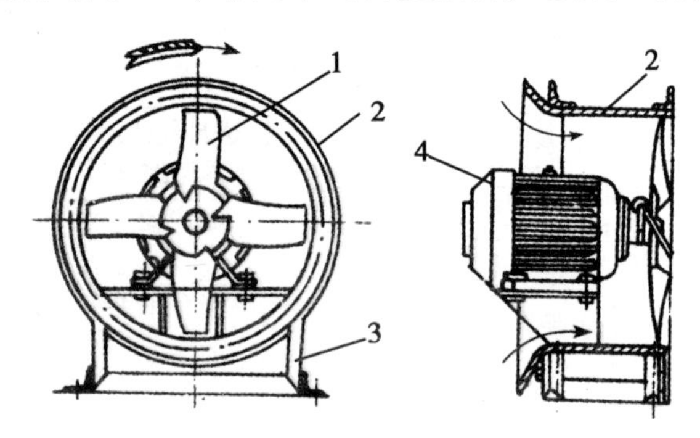

图6－5　轴流式风机示意图

1－叶片；2－外壳；3－机座；4－电动机

（2）特点　轴流式风机的特点是风压小风量大（通风阻力小，通常在50Pa以下，产生的风压较小，在500Pa以下，一般比离心风机低，而输送的风量却比离心式风机大）；工作在低静压下、噪声较低，耗能少、效率较高；易安装和维护；风机叶轮可以逆转，当旋转方向改变时，输送气流的方向也随之改变，但风压、风量的大小不变。风机之间进气气流分布也较均匀，与风机配套的百叶窗，可以进行机械传动开闭，既能送风，也能排气，特别适合设施农业室、舍的通风换气。

轴流式风机的流量和静压大小与叶片倾斜角度和叶轮转速有关。在实际应用中，一般采用改变转速的方法或采用多台风机投入运行来改变畜禽舍的通风量。

（3）安装

①各组风机应单独安装、独立控制。一般一个风机安装一套控制装置和保护装置，这样，便于定期维修保养，清洁除尘，加注润滑油，也便于调节舍内的局部通风量。安装风管时，接头处一定要严密，以防漏气，影响通风效果。

②风机的安装位置。轴流式风机一般直接安装在屋顶上或畜禽舍墙壁上的进、排气口中。负压式通风有屋顶排风式（风机安装在屋顶上的排气口中，两侧纵墙上设进气口）、两侧排风式（风机安装在两侧纵墙上的排气口中，舍外新鲜空气从墙上的进气口经风管均匀地进入舍内）和穿堂风式（风机安装在一侧纵墙上的排气口中，舍外新鲜空气从另一侧纵墙上的进气口进入舍内，形成穿堂风）3种。若使风机反转，排气口成为进气口，进气口成为排气口，就是正压式通风。

3. 离心式风机

离心式风机由蜗牛形机壳、叶轮、机轴、吸气口、排气口、轴承、底座等部件组成（图6－6）。离心式风机的各部件中，叶轮是最关键性的部件，特别是叶轮上叶片的形式很多，可分为闪向式、径向式和后向式3种。机壳一般呈螺旋形，它的作用是吸进从叶轮中甩出的空气，并通过气流断面的渐扩作用，将空气的动压力转化为静压力。

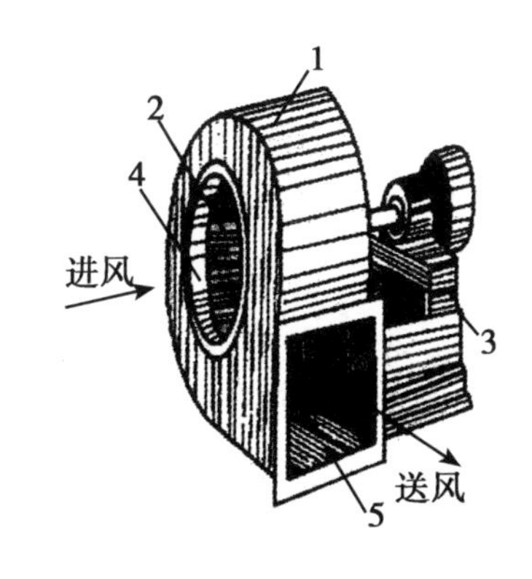

图6－6　离心式风机结构示意图

1－蜗牛型外壳；2－工作轮；3－机座；4－进风口；5－出风口

离心式通风机所产生的压力一般小于15 000Pa。压力小于1 000Pa的称为低压风机，一般用于空气调节设备。压力小于3 000Pa的称为中压风机，一般用于通风除尘设备。压力大于3 000Pa的称为高压风机，一般用于气力输送设备。离心式风机不具有逆转性、压力较强，在畜禽舍通风换气中，主要在集中输送热风和冷风时使用。另外还用于需要对空气进行处理的正压通风设备和联合式通风设备。

三、养牛饲料（草）加工机械的组成和选购

饲料（草）加工机械种类有：铡草机、青贮切碎机、饲草揉碎机、秸秆揉丝机、青饲料切碎机等。从生产率上分为大型、中型和小型；从其结构上主要分为筒式和盘式两种，目前国内市场多为盘式。现以铡草机为例。

1. 铡草机

图6－7　筒式铡草机外形图

（1）筒式铡草机　筒式铡草机如图6－7所示，刀轮形状为圆柱状且长径比较大，喂草口宽而矮，草段长度均匀，破节率高，抛送高度低，抛送距离短，能耗偏高，多为小型。

（2）盘式铡草机　盘式铡草机如图6－8所示，刀轮形状为盘状且长径比小，抛送高度高，抛送距离长，生产率高，多为大型和中型。

该机主要由机体、刀轮、喂料台、传动系统、调节装置五大部分组成。主要工作部件为刀轮，由主轴、轴承、刀盘和刀片（一般为2～4把）组成。根据刀片形状不同，可分为圆弧刃刀、直线刃刀、凹曲线刃刀和螺旋刃刀等。定刀安装在喂入口处机架上，动刀与定刀间隙可以根据需要进行调整，一般为0.1～0.5mm。

（3）铡草机工作原理　铡草机工作原理是以电动机或柴油机为动力，带动装有利刃的刀轮旋转，通过驱动喂入装置，将输入到动、定刀之间的物料进行铡切，被铡切后的物料或在自重或在刀轮旋转所产生的风压作用下从排草口排出，从而实现加工饲料的功能。

2. 铡草机主要操作元件

（1）电机控制开关　该开关位于电机线路控制盒上用于配套电机的启动和停止，

分为“启动”和“停止”按钮，一般“启动”按钮为绿色，“停止”按钮为红色。

（2）离合器变速手柄　该手柄位于齿轮箱处，用于调整铡草长度，分为“Ⅰ、Ⅱ”挡和“停止”挡。

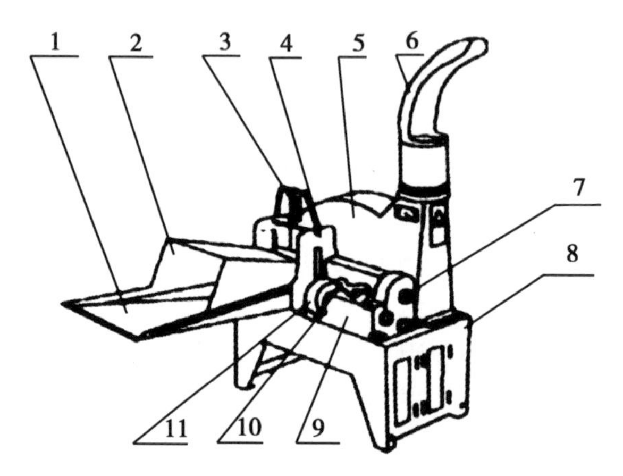

图6－8　盘式铡草机结构示意图

1－入草口；2－入草口上护罩；3－弹簧架；4－草辊支架；5－上罩；6－出草口；
7－传动轴；8－机架；9－变速箱；10－离合器变速手柄；11－齿轮箱

3. 铡草机主要调节锁紧装置

（1）刀片间隙调节螺栓　位于动刀架与动刀连接处，调整动、定刀片之间的间隙。

（2）齿轮间隙调节螺母　位于齿轮箱内，用于调节两伞齿间隙。

（3）机壳锁紧装置　位于上、下机壳连接处，用于作业时锁紧上、下机壳。

4. 铡草机的选购

（1）看铡草机标志

①查看“QS”标志及“生产许可证编号”、查看安全标志。正规企业生产的铡草机机体的喂入口、皮带防护罩、出料口等危险部位都有提醒操作者注意安全的安全标志。②查看标牌及合格证。铡草机机体上应有产品标牌及合格证。标牌至少应有以下内容：产品型号及名称、配套功率、主轴转速、制造日期或出厂编号、制造厂名称等。③查看“转向标志”。铡草机机体的明显部位应有刀轮“转向标志”，以提醒用户安装电机时注意刀轮的旋转方向应与“转向标志”方向相同。

如果没有以上标志和牌证，说明企业生产不正规，农民选购时应谨慎。

（2）看使用说明书　铡草机应随机附带使用说明书，并印刷清晰。使用说明书的内容至少应有：提醒用户在安装、使用、维护、保养时应注意的安全注意事项；主要用途及适用范围；产品规格型号及对应的生产率、配套功率、主轴转速、切草长度等主要技术参数；结构特征及工作原理；安装、调整和使用方法；维护和保养说明；常见故障及原因、排除方法；易损件清单等。农民不要选购没有使用说明书或内容不符合上述要求的铡草机。

（3）看三包凭证　铡草机应随机附带“三包凭证（或三包服用卡）”，“三包凭证（或三包服用卡）”应有生产企业和维修服务者的名称、地址、电话、邮编，以及整机和主要部件的三包有效期，三包有效期不应低于12个月。农民应尽量不选购没有三包凭证或内容不符合上述要求的铡草机。

（4）看整机安全措施　核对铡草机的安全措施是否符合下列要求：①要配备皮带防护罩，防护罩要有足够的强度，安装后，应能保证皮带和皮带轮不外露；②要有喂入辊。小时生产率大于400kg时，喂入机构应有离合器；③喂草口处应安装喂入斗，喂入斗上沿到喂入辊外边缘的水平距离应不少于55cm（采用能满足喂入安全的其他机构时除外）；④上机壳应有锁紧装置，锁紧后要牢固可靠；⑤动、定刀紧固螺栓和螺母应为高强度的，并有弹簧垫。从外观看，高强度螺栓和螺母与普螺栓和螺母不同，颜色应为黑色，并有标记；⑥小时生产率大于2.5t时，还应配有自动喂入机构和过载保护装置。

不符合上述要求的铡草机存在安全隐患，请不要购买。

（5）看转动是否正常　如有条件，应尽量通电进行运转检查；如没有条件通电运转，则应用手旋转皮带轮数周进行检查。性能良好的铡草机应转动灵活，无异常声响，无振动，无卡滞现象等。

（6）看外观　如果铡草机满足以上5个方面要求后，则应尽量选择外表美观、表面平整光滑、涂漆色泽均匀，没有明显制造缺陷的产品。

四、全混合日粮饲料制备机种类组成特点

全混合日粮饲料制备机又叫全混合日粮饲料搅拌机，简称TMR搅拌机。全混合日粮，又称TMR，英文Total Mixed Ration，指根据不同生长发育及泌乳阶段奶牛的营养需求和饲养战略，按照营养专家计算提供的配方，用特制的TMR饲料制备机对日粮各组分进行科学的混合，供奶牛自由采食的日粮。该机特点是：①结构合理、简单坚固、操作方便；②混合均匀度高；③混合时间短；④有足够大的生产容量；⑤机内残留低；⑥有足够的动力配套系统。

1. 全混合日粮饲料制备机种类

目前，TMR搅拌机种类较多，功能各异。从搅拌轴旋转方向区分，可分立式和卧式两种；从移动方式区分，分为自走式、牵引式和固定式3种。

（1）固定式　主要适用于奶牛养殖小区；小规模散养户集中区域；原建奶牛场，牛舍和道路不适合TMR设备移动上料。固定式又分为电动机驱动和柴油机驱动。

（2）移动式　移动式包含自走式和牵引式，多用于新建场或适合TMR设备移动的已建牛场。多为拖拉机驱动。

（3）立式搅拌机与卧式相比，草捆和长草无需另外加工；相同容积的情况下，所需动力相对较小；混合仓内无剩料等；立式多为牵引式。

（4）固定式与牵引式全混合日粮饲料制备机结构基本一致，区别是：固定式全混合日粮饲料制备机的驱动动力大多数是电动机，只有固定机架，无牵引架和行走轮。牵引式全混合日粮饲料制备机的驱动动力是由拖拉机的PTO轴输出，并将固定机架改有牵引架和行走轮，如图6－9所示。

2. 固定式全混合日粮饲料制备机

（1）组成和作用　固定式全混合日粮饲料制备机主要由料仓、驱动系统、传动系统、搅拌系统、卸料门控制系统、称重系统等组成，如图6－10所示。料仓多为长方锥

形，由搅拌电机驱动，通过减速传动带动搅拌部件（搅龙）工作，搅龙上安装有动刀片，使物料混合、翻转、剪切、揉搓，达到将粗料揉细，粗精混合均匀的作用。该机特点是用电机驱动，经济成本低，搅拌轴转速稳定，搅拌效果好，残留量高，可以配套固定的上料系统。

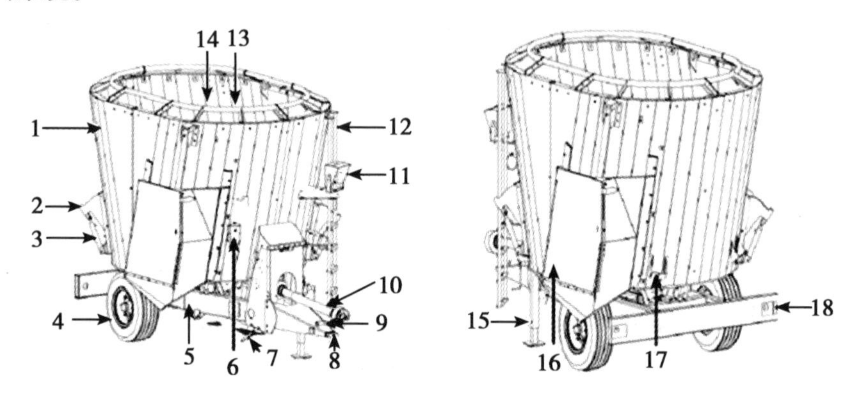

图6－9　牵引立式全混合日粮饲料制备机示意图

1－混料箱；2－反切刀（定刀）；3－反切刀液压缸；4－车轮；5－机架；6－辅助油箱；7－停车制动闸；8－牵引环；9－PTO 轴支架；10－PTO 轴；11－称重装置；12－扶梯；13－混料螺杆；14－刀片；15－停车支架；16－供料输送带（卸料门）；17－停车车轮楔块；18－尾灯

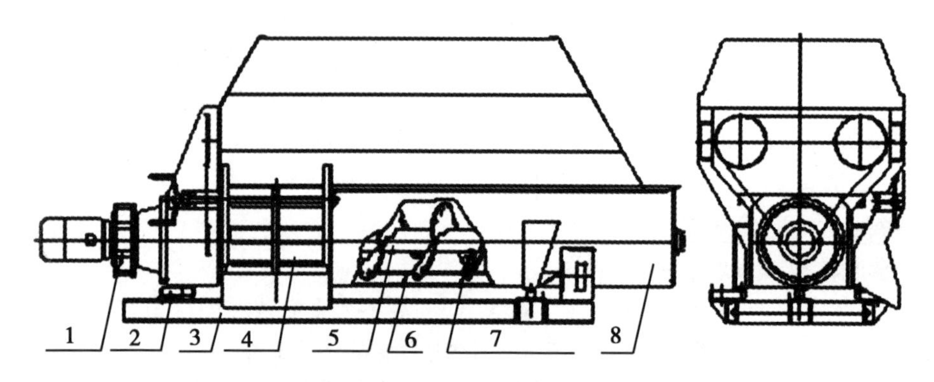

图6－10　固定式全混合日粮饲料制备机结构示意图

1－传动系统；2－称重系统；3－底座；4－出料系统；5－搅拌系统；6－定刀；7－动刀；8－料箱

（2）操作元件　固定式全混合日粮饲料制备机操作元件主要有：搅拌电机控制开关、卸料门控制开关、后上料门控制开关、定刀调整手柄、称重系统显示仪表开关等。

①搅拌电机控制开关。位于固定式全混合日粮饲料制备机控制柜上用于控制搅拌电机的启动和停止，分为“启动”和“停止”按钮，一般“启动”按钮为绿色，“停止”按钮为红色。②卸料门控制开关。位于固定式全混合日粮饲料制备机控制柜上用于控制卸料门的开启和关闭，一般有电机控制和液压控制两种型式，装有行程限位传感器，“开启”或“关闭”到达相应位置后自动停止。分为“卸料门开”和“卸料门关”按钮。③后上料门控制开关。位于固定式全混合日粮饲料制备机控制柜上用于控制后上料门的开启和关闭，一般有电机控制和液压控制两种型式，装有行程限位传感器，“开

启”或“关闭”到达相应位置后自动停止。分为“后上料门开”和“后上料门关”按钮。④定刀调整手柄。位于料仓上定刀处，用于控制定刀与动刀之间的间隙。⑤称重系统开关。位于称重仪表显示器处，用于称重仪表显示器的开启和关闭。

3. 牵引式全混合日粮饲料制备机

主要由料仓、牵引部分、传动系统、立式搅拌系统、液压卸料门控制系统、称重系统、行走轮和机架等组成，如图6－11所示。料仓多为椭圆锥形，采用拖拉机后动力输出PTO轴输入动力，通过减速传动带动搅拌部件（立式搅龙）工作，搅龙上安装有动刀片，使物料混合、翻转、剪切、揉搓，达到将粗料揉细粗精混合均匀的作用。其特点是由拖拉机牵引可以边行走边搅拌，直接进入牛舍排料，减少了二次运输时饲料分层导致不均匀现象；利用拖拉机液压系统控制卸料门、后上料门的开启和关闭，稳定可靠；残留量低；搅拌转速不稳定。

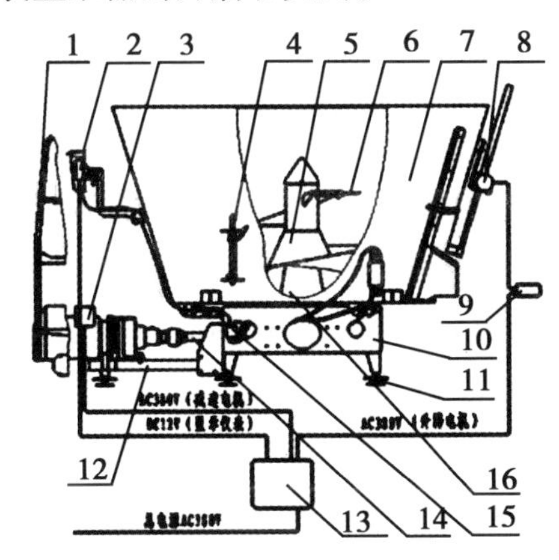

图6－11　牵引式全混合日粮饲料制备机结构示意图

1－观察梯；2－称重显示器；3－减速电机；4－定刀；5－搅龙；6－切碎刀片；7－搅拌箱体；8－卸料门升降器；9－升降器控制开关；10－底座；11－地脚调整螺栓；12－电机底座；13－电控箱；14－传动轴；15－称重传感器；16－齿轮箱

通过手柄接合或分离控制拖拉机PTO输出轴的转动或停止，即控制搅拌轴的启动与停止。

4. 称重系统及显示仪表的操作按钮

TMR饲料制备机称重系统一般由称重传感器、接线盒、显示器、数据线、电源线、报警器、打印机等组成。不同产品所配套的称重系统显示仪表不同，其控制操作界面不尽相同，下面以Profi Feed电子称重系统为例：

（1）电源（NO/OFF）开关　用ON/OFF表示，用于开启和关闭显示器。

（2）去皮/清除（TAERE/CLEAR）按钮　按住5s可将已称重量的显示数字清除（已称重量会存储在显示器内）；清除输入的数字或字母。

（3）程序（PROG./START）按钮　执行配方程序或中断程序的执行。

（4）手动称重（MAN./ZERO）按钮　手动称重或重置局部称重。

（5）配方（RECIPE）按钮　选择或显示要编程的配方或执行该配方。

（6）总重量（NET/TOTAL）按钮　显示总重量。

（7）配方成分（INGR.）按钮　选择或显示配方成分，或卸载已编程的成分，或执行该成分。

（8）第二功能（BLOCK $_{ZFN}$）按钮　启用“称重中断”功能，或启用“字母输入”功能。

（9）奶牛头数（ANIMAL）按钮　给奶牛头数编程或显示该奶牛头数。

（10）加速⇕按钮　与▲或▼箭头键同时使用可加快显示的数字或字母

的变化速度。

（11）在线帮助功能键?。

（12）箭头▼按钮　　按降序显示数字或字母。

（13）箭头▲按钮　　按升序显示数字或字母。

（14）确认（OK）按钮　　用于确定输入的数据和编程设置。

（15）菜单（MENU）按钮　　用于选择特定的功能菜单。

五、全混合日粮饲料制备机饲料混合及质量要求

众多科研和实践应用证明，全混合日粮（TMR）饲料混合质量对维持奶牛健康和提高生产性能有明显效果。

1. 投料基本原则

根据配方遵循先干后湿，先精后粗，先轻后重的原则。

2. 投料添加顺序

①先加入长的干草；②青贮；③谷物精料；④啤酒糟等辅料；⑤加水或糖蜜。.

3. 投料注意事项

（1）如果是立式饲料搅拌车应将精料和干草添加顺序颠倒。

（2）在搅拌过程中应注意，装料不能太满，留一定的搅拌循环空间。高效混合时必须给机箱内至少留有20%的自由空间，用于饲料的循环搅拌。要避免出现“拱桥”现象，即饲料没有循环搅拌，都搭副搅龙上。这样会使搅龙的负荷增大，从而使链条容易被拉断。

4. 检测TMR的质量

（1）直接检查日粮　随机的从牛全混日粮（TMR）中取出一些，用手捧起，用眼观察，估测其总重量及不同粒度的比例。一般推荐，可测得3.5cm以上的粗饲料部分超过日粮总重量的15%为宜。

（2）使用宾州过滤筛检测TMR的质量　宾州过滤筛的操作步骤：①将奶牛未采食前和采食剩余料各取样400～500g。②水平摇，不要垂直抖动。③摆幅17cm，频率每秒1.1次。④每摇5下，转90°，共重复7次。⑤分别称重，计算每层占总重量的比例。检测每层剩余不同草料量及比例，分析发现问题。不同种群奶牛对TMR日粮推荐粒度比例大致如下表。

表　不同种群奶牛对TMR日粮推荐粒度比例表（%）

饲料种类	一层	二层	三层	四层
泌乳牛TMR	15～18	20～25	40～45	15～20
后备牛TMR	40～50	18～20	25～28	4～9
干奶牛TMR	50～55	15～20	20～25	4～7

（3）观察奶牛反刍　奶牛每天累计反刍7～9h，充足的反刍保证奶牛瘤胃健康。粗饲料的品质与适宜切割长度对奶牛瘤胃健康至关重要，劣质粗饲料是奶牛干物质采食量

的第一限制因素。同时，青贮或干草如果过长，会影响奶牛采食，造成饲喂过程中的浪费；切割过短、过细又会影响奶牛的正常反刍，使瘤胃 pH 值降低，出现一系列代谢疾病。观察奶牛反刍是间接评价日粮制作粒度的有效方法。记住有一点非常重要，那就是随时观察牛群时至少应有 50% ~60% 的牛正在反刍。

5. 撒料要求均匀并观察采食情况

卸料时要注意先开卸料皮带，后开卸料门；停止卸料时，要先关卸料门，再关卸料皮带，这样可以防止饲料堆积在卸料门口，并且要注意撒料均匀度，避免牛乱争抢。

六、全混合日粮饲料制备机作业安全注意事项

1. 严禁用机器载人、动物及其他物品。

2. 严禁将机器作为升降机使用或者爬到切割装置里，当需要观察搅拌机内部时请使用侧面的登梯。

3. 严禁站在取料滚筒附近、料堆范围内及青贮堆的顶部。

4. 严禁调节、破坏或去掉机器上的保护装置及警告标签。

5. 机器运转或与拖拉机动力输出轴相连时，不能进行保养或维修等工作。

6. 当传动轴在转动时，要避免转大弯，否则将损坏传动轴。在转大弯时应先停止传动轴再转弯，这样可以延长传动轴的使用寿命。传动轴转动时，任何人不许站在此传输轴附近，防止被传动轴卷入，造成人身伤害。

7. 在升降大臂之前首先要确定大臂四周没有人，其次要确保截止阀是否处于打开状态。

8. 取料滚筒大臂在取料滚筒负荷增大时，会自动上升，经常这样会对机车的液压系统有一定的损坏。所以在负荷过大时，应调整大臂下降速度或减小取料滚筒的切料深度。

9. 在改变取料滚筒的转向时，应等取料滚筒停止转动后再进行操作，否则将容易损坏液压系统。

10. 在下降滚筒大臂取料时，应在大臂与大臂限位杆即将接触前，调低大臂的下降速度（可用大臂下降速度调节旋钮进行调解），这样可以避免大臂对限位杆的冲击，保证限位杆及后部清理铲不受损坏。

11. 禁止用手指堵住漏油孔，高压油会穿透皮肤和衣服造成人身伤害。

操作技能

一、操作电加热饮水槽进行作业

1. 水位控制

先打开进水阀，根据使用情况，调节浮球阀，以控制水位。

2. 水温控制

根据环境温度，调节温控开关，控制水温在 15℃左右。

3. 启动加热装置

启动后，查看出水及加热情况。

二、操作牛舍通风设备进行作业

1. 检查通风设备技术状态在符合要求后开启电动机。

2. 启动前先关闭风机风门，以减少启动时间和避免启动电流过大。

3. 待风机转速达到额定值时，将风门逐步开启投入正常运行；在使用过程中经常观察风机的电压和电流是否与额定值相符。

4. 带有调速旋钮的风机在启动时，应缓慢顺序旋转，不应旋停在挡间位置。

5. 作业中观察电机升温是否过高、线路是否出现烫手和异常焦味以及设备转速变慢或震动剧烈等故障，如有应立即停机，切断电源检修。

6. 达到通风时间后关闭通风设备控制开关。

7. 作业注意事项：

（1）牛舍通风一般要求风机有较大的通风量和较小的压力，宜采用轴流式风机。

（2）多台风机同时使用时，应逐台单独启动，待运转正常后再启动另一台，严禁几台风机同时启动，因为风机启动电流为正常运转电流的 3 ~6 倍。

（3）开启通风设备控制开关、操作各项功能开关、按键、旋钮时，动作不能过猛、过快，也不能同时按两个按键。操作电控装置时应小心谨慎，避免电击伤害人身安全。

（4）牛舍夏季机械通风的风速不应超过 2m/s，否则过高风速，会因气流与牛体表间的摩擦而使牛感到不舒服。

（5）冬季通风需在维持适中的舍内温度下进行，且要求气流稳定、均匀，不形成“贼风”。

（6）采取吸出式通风作业时，其风机出口要避免直接朝向易损建筑物和人行通道。

（7）设备自动停机时，先查清原因，待故障排除后再重新启动。

（8）不允许在运转中对风机及配电设备进行检修，以防发生人身事故。

（9）风管一般要高出舍脊 0.5m 以上或离进气口最远的地方，也可考虑设置在粪便通道附近，以便排出污浊空气。做好冬季防冻措施。

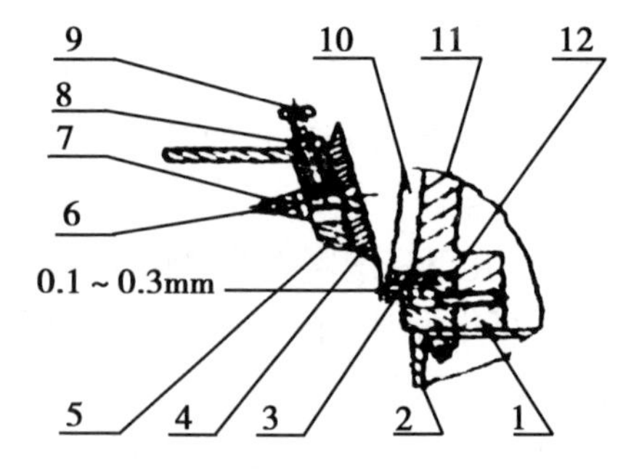

图 6 –12　动定刀片间隙调整示意图

1 – 草辊支架；2 – 机架；3 – 定刀；4 – 动刀；5 – 刀盘；6 – 沉头螺钉；7 – 固定螺母；8 – 调节螺母；9 – 调节螺栓；10 – 侧刀；11 – 内六角螺钉；12 – 定刀座

三、操作铡草机进行作业

1. 检查调整动定刀片间隙

检查动定刀片间隙是否在 0.1 ~0.3mm，如不符合，应调整，如图 6 –12 所示。

（1）首先松动刀片固定螺母 7。

（2）再松开调节螺母 8。

（3）然后旋转调节螺栓 9。

（4）将刀片后退是增大间隙，向前旋转调节螺栓是缩小间隙。

（5）调好间隙后，旋紧刀片固定螺母 7 和调节螺母 8。

（6）再检查一次间隙，是否达到 0. 1 ~0. 3mm 为准。

2. 检查调整挡草板与喂入辊间隙

检查挡草板与喂入辊间隙是否在 0. 3 ~0. 5mm，如不符合，应调整。当喂入辊缠草时，将 2、4、10 固定螺栓松开，将挡草板与喂入辊间隙调到 0. 3 ~0. 5mm 后，再将固定螺栓拧紧，如图 6 –13 所示。

3. 其他检查

符合技术要求后，将离合器手柄拨至空挡或停位置，启动电动机或柴油机等动力装置。

4. 将离合器手柄拨至所需档位

如铡短草，用手转动皮带轮，将离合器手柄拨至“Ⅰ”挡的位置，如铡长草，将离合器手柄拨至“Ⅱ”挡的位置，如图 6 –14 所示。

5. 空载旋转 3min 左右

确无异常时喂入物料铡切作业。

6. 喂入

手握秸秆尽可能靠后，严禁两手靠近喂入辊。

7. 铡草

均匀喂料，并根据负荷大小适当调整喂入量，过多易造成超载停机。

8. 停止铡切

应将机器空转一段时间，将机内的灰尘、杂草吹净，然后切断动力。

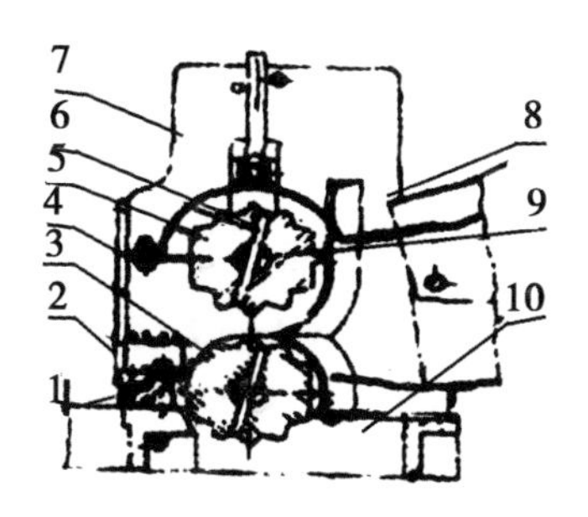

图 6 –13　0 挡草板间隙调整示意图

1 –定刀；2 –挡草板；3 –下草辊；4 –上挡草辊；5 –上草辊；6 –草辊销轴；7 –进料支架；8 –进料槽；9 –草辊轴；10 –草辊外挡草辊

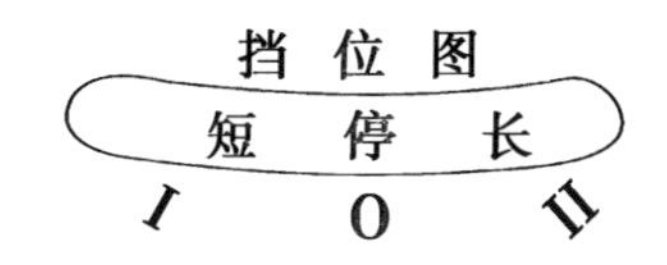

图 6 –14　离合器手柄挡位图

9. 作业注意事项

（1）喂入料时，应站在喂料口的侧面，以防硬物从喂入口飞出伤人。

（2）严禁站在出草口前，严禁站在喂入口上踩踏物料或用铁棍、木棒等向喂入草辊内推送物料，更不允许用手伸入喂料口拨料，可以用较硬的作物秸秆将物料推入铡切室。

（3）工作时要注意轴承温度不能超过 55℃，如有过热现象应立即停车检查，以免烧坏轴承等。

(4) 严禁作业时变换挡位，机器出现故障需要调整时，必须切断电源停机后进行，以保证安全。

(5) 更换动、定刀紧固螺栓时，必须采用8.8级高强度紧固件，不得用普通紧固螺栓代替。

(6) 每次打开上罩机壳再合上时必须旋紧固定螺栓，锁紧机壳。

四、操作固定式全混合日粮饲料制备机进行作业

1. 检查机械技术状态符合要求，确认机械周围环境无危险隐患后，点动饲料制备机的电动机控制按钮，无异常则关上出料门。

2. 先预热3~5min，在预热过程中倾听设备的声音是否正常。

3. 待搅拌系统运转平稳后，向饲料槽内添装饲料开始加料，加入饲料的先后顺序为：粉碎好的秸秆或干草、青贮料、精料、酒糟等。

4. 分批次加入各种饲料，边添加边进行搅拌，待物料加齐后搅拌8~10min，达到用户要求的草料长度。

5. 开启卸料门，根据出料量的大小确定料门开启高度，将搅拌好的饲料排出。当出料口有物料堆积时要及时清理。出料结束后空运转1~2min，将物料尽量排出。

6. 停机并将料仓内残留物料清理干净。

7. 注意事项：

(1) 工作时严防人体任何部位接触各转动部件。

(2) 工作时严禁搅拌箱顶部站人，以防搅伤。

(3) 严禁设备带负荷停、启。

(4) 饲料搅拌机正常装料、搅拌过程中，出现异常响动，应立即切断电源停车维修。

(5) 更换电路过载保护装置时，应严格按照使用说明书规定配置，不得随意提高过载保护装置的过载能力。

(6) 用铲车上料时，严禁铲车铲斗进入料箱中损伤机械部件。

(7) 用铲车添加玉米青贮时，应将玉米青贮缓慢倒入料箱内，禁止猛倒。若添加秸秆或干草时，应粉碎，严禁加大量的干草或秸秆。

(8) 严禁将铁丝、绳子及其他异物混入物料投入箱内，防止损坏设备和影响饲料质量。

(9) 饲料搅拌机内的饲料重量不得超过使用说明书要求，防止搅笼轴断裂。

五、操作牵引式全混合日粮饲料制备机进行作业

1. 机器与拖拉机的连接和移动

(1) 机器的牵引孔需被提升至离拖拉机牵引销±20cm处。机器和拖拉机须安全地通过手刹和轮刹固定住。

(2) 如配有手动升降支撑杆，手动升降搅拌车并使其牵引孔稍高于拖拉机的牵引销。如配有液压升降支撑杆，连接液压系统到拖拉机上，通过液压调节手柄按上述方法调节。

(3) 向后移动拖拉机，插入牵引销并用锁销锁好牵引销。

（4）收回支撑杆并按原位放好（如是液压支撑杆，可先打开球形接头，然后打开拖拉机的回油阀使液压油回流）。

（5）连接好灯光线（如有灯光）。

（6）拖拉机熄火，拔出启动钥匙。

（7）连接动力传动轴。连接前应细心检查轴的转向和转速是否相符。

（8）连接机器的液压系统到拖拉机上。

（9）将称重系统的电源插头插到拖拉机的插座上。

（10）驾驶员必须持有合法的证件，行驶时必须符合道路安全规则。操作人员必须穿着紧身的工作服。

（11）设备的行驶速度必须适合周围的环境和地形，在坡路上行驶时不许急转弯。转弯时，小心设备的宽度和质量（转弯半径和减速慢行）。拖行时，设备的前端重量（配重）影响行驶状态、操控和刹车性能，须确保拖行时刹车有效并可控制。

（12）离开拖拉机时必须确保安全状态：关掉发动机，拔出启动钥匙。

（13）在全部保护措施安装到位之前不许操作设备。

2. 填装饲料

（1）将拖拉机开到待装饲料附近，如想在装填同时搅拌，将拖拉机右侧朝向设备前方。

（2）检查确认放料门关闭。

（3）打开动力传输让搅龙慢慢旋转然后在设备侧面向料仓内装料，先装入轻料，如干草；后装入重料，如青饲料。在操作平台或梯子上加入精料和矿物质。

（4）装料时尽可能减小饲料的自由下落距离以避免损伤搅龙和切刀，注意装料设备也不要伸入料仓内太多以免损伤搅龙甚至机器，尽量将料装入在机器的中心位置。

3. 搅拌饲料

（1）装满料后，让机器工作（搅拌和切割）5～8min（视所装饲料种类而定），如使用的是广角传动轴，搅拌车可在运输时搅拌。

（2）切割强度可通过调节搅拌车前、后副切刀来调整。

（3）搅龙的转速可通过调节拖拉机的转速来调节。

4. 放料

（1）启动驱动轴让搅龙转动。

（2）打开放料门，通过调节放料门的开起高度调节放料速度。

（3）搅拌斗放空后，可通过加大拖拉机油门来加快搅龙转速，放掉搅龙上的余料。

（4）关闭动力输出轴。

（5）关闭放料门。

5. 停机并将料仓内残留物料清理干净

6. 作业注意事项

（1）启动、工作和调试时非操作人员请远离现场，避免吸入排出的废气。遵守固定卧式全混合日粮饲料制备机操作注意事项。

（2）操作和拖动搅拌机之前确保与拖拉机的连接可靠，特别要锁好轴心销。如在动力传输时，还应先手拉检验连接销是否可靠，传动轴必须有防护装置。

（3）在工作和运输时禁止站在搅拌机上和搅拌机回转区域等工作危险范围内。

（4）除非搅拌机有手刹车保护和车轮处在防转动状态，否则不许站在搅拌机与拖拉机之间。

（5）机器运转时禁止进入料仓。

（6）输出轴工作时，任何人不许站在此传输轴附近。

（7）设备的行驶速度必须适合周围的环境和地形，在坡路上行驶时不许急转弯。转弯时，小心设备的宽度和质量（转弯半径和减速慢行）。拖行时，设备的前端重量（配重）影响行驶状态、操控和刹车性能，须确保拖行时刹车有效并可控制。

（8）禁止用手指堵住漏油孔，高压油会穿透皮肤和衣服造成人身伤害。

（9）在全部保护措施安装到位并正常运行之前不许操作设备。

第七章　设施养牛装备故障诊断与排除

相关知识

一、机械装备故障诊断与排除基本知识

故障是指机器的技术性能指标（如发动机的功率、燃油消耗率，漏油等）恶化并偏离允许范围的事件。

（一）故障的表现形态

发生故障时，都有一定的规律性，常出现以下8种现象。

（1）声音异常　声音异常是机械故障的主要表现形态。其表现为在正常工作过程中发出超过规定的响声，如敲缸、超速运转的呼啸声、零件碰击声、换挡打齿声、排气管放炮等。

（2）性能异常　性能异常是较常见的故障现象。表现为不能完成正常作业或作业质量不符合要求。如启动困难、动力不足、行走慢等。

（3）温度异常　过热通常表现在发动机、变速箱、轴承等运转机件上，严重时会造成恶性事故。

（4）消耗异常　主要表现为燃油、机油、冷却水的异常消耗、油底壳油面反常升高等。

（5）排烟异常　如发动机燃烧不正常，就会出现排气冒白烟、黑烟、蓝烟现象。排气烟色不正常是诊断发动机故障的重要依据。

（6）渗漏　机器的燃油、机油、冷却水等的泄漏，易导致过热、烧损、转向或制动失灵等。

（7）异味　机器使用过程中，出现异常气味，如橡胶或绝缘材料的烧焦味、油气味等。

（8）外观异常　机器停放在平坦场地上时表现出横向的歪斜，称之为外观异常，易导致方向不稳、行驶跑偏、重心偏移等。

（二）故障形成的原因

产生故障的原因多种多样，主要有以下4种：

（1）设计、制造缺陷　由于机器结构复杂，使用条件恶劣，各总成、组合件、零部件的工作情况差异很大，部分生产厂家的产品设计和制造工艺存在薄弱环节，在使用

中容易出现故障。

(2) 配件质量问题　随着农业机械化事业的不断发展，机器配件生产厂家也越来越多。由于各个生产厂家的设备条件、技术水平、经营管理各不相同，配件质量也就参差不齐。在分析、检查故障原因时应考虑这方面的因素。

(3) 使用不当　使用不当所导致的故障占有相当的比重。如未按规定使用清洁燃油、使用中不注意保持正常温度等，均能导致机器的早期损坏和故障。

(4) 维护保养不当　机器经过一段时间的使用，各零部件都会出现一定程度的磨损、变形和松动。按照机器使用说明书的要求，及时对机器进行维护保养，就能最大限度地减少故障，延长机器使用寿命。

(三) 分析故障的原则

故障分析的原则是：搞清现象，掌握症状；结合构造，联系原理；由表及里，由简到繁；按系分段，检查分析。

故障的征象是故障分析的依据。一种故障可能表现出多种征象，而一种征象有可能是几种故障的反映。同一种故障由于其恶化程度不同，其征象表现也不尽相同。因此，在分析故障时，必须准确掌握故障征象。全面了解故障发生前的使用、修理、技术维护情况和发生故障全过程的表现，再结合构造、工作原理，分析故障产生的原因。然后按照先易后难、先简后繁、由表及里、按系分段的方法依次排查，逐渐缩小范围，找出故障部位。在分析排查故障的过程中，要避免盲目拆卸，否则不仅不利于故障的排除，反而会破坏不应拆卸部位的原有配合关系，加速磨损，产生新的故障。

同时注意以下几点：①检诊故障要勤于思考，采取扩散思维和集中思维的方法，注意一种倾向掩盖另一种倾向，经过周密分析后再动手拆卸。②应根据各机件的作用、原理、构造、特点以及它们之间相互关系按系分段，循序渐进的进行。③积累经验要靠生产实践，只有在长期的生产中反复实践，逐渐体会，不断总结，掌握规律，才能在分析故障时做到心中有数，准确果断。

(四) 分析故障的方法

在未确定故障发生部位之前，切勿盲目拆卸。应采取以下方法进行故障检查分析。

(1) 听诊法　就是通过听取机器异响的部位与声音的不同，迅速判定故障部位。

(2) 观察法　就是通过观察排气烟色、机油油面高度、机油压力、冷却水温等方面的异常状况，分析故障原因。

(3) 对比法　就是通过互换两个相同部件的位置或工作条件来判明故障部位。

(4) 隔离法　就是暂时隔离或停止某零部件的作用，然后观察故障现象有无变化，以判断故障原因。

(5) 换件法　就是用完好的零部件换下疑似故障零部件，然后观察故障现象是否消除，以确定故障的真实原因。

(6) 仪器检测法　就是用各种诊断仪器设备测定有关技术参数，根据检测得到的技术数据诊断故障原因。

二、轴流式风机的工作原理

当风机叶轮被电动机带动旋转时，机翼型叶片在空气中快速扫过。其翼面冲击叶片间的气体质点，使之获得能量并以一定的速度从叶道沿轴向流出。与此同时，翼背牵动背面的空气，从而使叶轮入口处形成负压并将外界气体吸入叶轮。这样，当叶轮不断旋转时就形成了平行于电机转轴的输送气流。

三、离心式风机工作原理

空气从进气口进入风机，当电动机带动风机的叶轮转动时，叶轮在旋转时产生离心力将空气从叶轮中甩出，从叶轮中甩出后的空气汇集在机壳中，由于速度慢，压力高，空气便从通风机出口排出流入管道。当叶轮中的空气被排出后，就形成了负压，吸气口外面的空气在大气压作用下又被压入叶轮中。因此，叶轮不断旋转，空气也就在通风机的作用下，在管道中不断流动。这种风机运转时，空气流靠叶轮转动所形成的离心力驱动，故空气进入风机时和叶片轴平行，离开风机时变成垂直方向。这个特点使其自然地可适应管道90°的转弯。

四、固定式全混合日粮饲料制备机工作原理

工作时，由搅拌电机驱动，通过减速传动带动搅拌部件（搅龙）工作，搅龙上安装有动刀片，使物料混合、翻转、剪切、揉搓，达到将粗料揉细，粗精混合均匀的目的。

五、牵引式全混合日粮饲料制备机工作原理

其工作原理同固定式全混合日粮饲料制备机，不同的是采用拖拉机后动力输出PTO轴输入动力，通过减速传动带动搅拌部件（立式搅龙）工作。

操作技能

一、电加热饮水设备常见故障诊断与排除（表7－1）

表7－1　电加热饮水设备常见故障诊断与排除

故障名称	故障现象	故障原因	排除方法
漏水	饮水设备漏水	管路连接和水箱焊接部分有断裂、开焊	粘合管路，焊接水箱
不加热	饮水设备不加热	保险丝、电路断开	更换保险丝，接好电路
温度控制失效	饮水设备温度控制失效	温度控制器损坏	更换温度控制器
水位控制失灵	饮水设备水位控制失灵	浮球阀卡死	调整浮球阀
不排水	饮水设备不排水	排水阀和排水管路堵塞	更换排水阀，疏通排水管路
漏电	饮水设备漏电	电路损坏	拆开水槽检查电路，更换电路损坏线路

二、轴流式风机常见故障诊断与排除（表7－2）

表7－2　轴流式风机常见故障诊断与排除

故障名称	故障现象	故障原因	排除方法
风压、风量不足	风机转速符合，但风压、风量不足	1. 风机旋转方向相反 2. 系统漏风 3. 系统阻力过大或局部堵塞 4. 风机轴与叶轮松动	1. 改变风机旋转方向，即改变电机电源接法 2. 堵塞漏风处 3. 核算阻力、消除杂物 4. 检修和紧固拉紧皮带
风量过大	风机转速符合，但风量过大	进风口面积太大	调整转速或在进风口处增设调节阀门
震动过大	风机震动过大	1. 系统阻力大 2. 风机叶轮不平衡或损坏 3. 风机轴与电机轴不同心 4. 联轴器装歪或损坏 5. 安装不稳固，地脚螺栓松动 6. 轴承装置不良或损坏 7. 风机叶轮有沉积污物	1. 检查、校正 2. 检查、校正或更换 3. 检查、校正 4. 检查、校正或更换 5. 紧固地脚螺栓 6. 校正轴承装置或更换 7. 清洗风机叶轮
噪声异常	风机噪声异常	1. 调节阀松动 2. 无防震装置 3. 地脚螺栓松动 4. 风机动静部分摩擦碰撞	1. 安装好调节阀 2. 增加防震装置 3. 紧固地脚螺栓 4. 停机检查校正叶片、调整动静部分间隙
轴承及电机发热	风机轴承及电机发热	1. 轴承缺少润滑油、轴承损坏、轴承安装不平 2. 风量过大、风机底壳积灰、电机受潮 3. 冷却器堵塞	1. 加注润滑油、更换轴承和用水平仪校正 2. 调节阀门增加阻力或清除烘烤电机 3. 清洁冷却器
风量减小	风机使用日久而风量减小	1. 风机叶轮或外壳损坏 2. 风机叶轮表面积灰、风道内有积灰、污垢	1. 更换部件 2. 清洗叶轮、清除风道内污垢

三、铡草机常见故障诊断与排除（表7－3）

表7－3　铡草机常见故障诊断与排除

故障名称	故障现象	故障原因	排除方法
超载停车	铡草机超载停机	喂入量过大堵塞	停机清理，减小喂入量
卡滞、声响异常	铡草机卡滞、声响异常	紧固螺钉松动，刀片间隙过小	旋紧紧固螺钉，调整刀片间隙到符合要求
铡切草费力	铡草机铡切草费力，物料中长草现象增加	刀片刃钝，动、定刀间隙过大	更换或修磨刀片，调整动定刀间隙0.1～0.3mm

（续表）

故障名称	故障现象	故障原因	排除方法
刀片崩刃	铡草机刀片崩刃	物料中混有硬物体	清除硬物，更换刀片
喂入辊联轴销损坏	铡草机喂入辊联轴销损坏	喂入辊缠草，挡草板间隙过大	清除缠草，调整挡草板间隙 0.3 ~ 0.5mm，更换联轴销
物料堵塞	铡草机物料堵塞	物料堵塞	要先关机，然后用专用工具进行清理

四、固定式全混合日粮饲料制备机常见故障诊断与排除（表 7－4）

表 7－4　固定式全混合日粮饲料制备机常见故障诊断与排除

故障名称	故障现象	故障原因	排除方法
异常响声	出现异常响动	动定刀之间干涉，物料中有异物	停机查看电机，轴承异常，更换电机或轴承，调整动定刀间隙，清除物料中异物
突然停机	突然停机	1. 搅龙有缠绕物 2. 联轴器尼龙销折断 3. 搅拌物料严重超量	1. 关机，然后反攀搅龙使物料逐渐松散，取出缠绕物 2. 更换联轴器尼龙销 3. 清除超出部分物料
搅龙转速降低或不转	搅拌主电机转动而料箱内搅龙转速降低或不转	链条连轴器、以及上下搅龙传动链条松、断	对传动链条进行张紧或更换
出料门开、关失灵	开启、关闭出料门时，有不畅、滞涩等感觉	料门有物料或异物卡死	清除卡住的物料或异物。
	无法开启、关闭出料门	料门驱动电机损坏，电路断开，驱动料门液压油缸管路漏油	重新连接料门驱动电机电路或更换电机，更换液压油缸或管路
称重系统故障	称重系统显示器不显示	1. 显示器电源线未接好，电路线断开 2. 显示器开关损坏 3. 显示器损坏	1. 重新连接好电源线 2. 更换显示器开关 3. 更换显示器
	称重系统无数据信号或数据不准确	1. 数据线与称重传感器松脱 2. 传感器零点漂移 3. 传感器损坏	1. 接好数据线 2. 重新校准传感器 3. 更换传感器

五、牵引式全混合日粮饲料制备机常见故障诊断与排除(表7-5)

表7-5 牵引式全混合日粮饲料制备机常见故障诊断与排除

故障名称	故障现象	故障原因	排除方法
液压系统失灵	液压系统无反应	液压油管连接错误	重新连接正确
	液压系统工作不正常	拖拉机液压输出油泵太小，液压管路泄漏，泄压阀工作	调整供油系统达到机器要求，找出泄漏地方并修复或更换管路，清洁并调整卸压阀
搅龙不转动	搅龙不转动	检查PTO轴转速太高，定刀干涉，主轴承“干”转，搅龙超载，保护螺栓被切断	调低PTO轴转速到机器要求，调整动定刀间隙，给主轴承加注润滑油，更换保护螺栓
PTO轴安全螺栓经常损坏	PTO轴安全螺栓经常损坏	装载量过大，PTO轴转速不恰当	避免超载运行，调整PTO轴转速到机器要求
搅龙刀片损坏	搅龙刀片损坏	由于重料捆砸在刀片上，安装错误折断刀片	按使用说明书方法更换和安装刀片
变速箱异响	变速箱异响	变速箱油位过低，变速箱损坏，搅龙轴承磨损	变速箱加油，更换变速箱，更换搅龙轴承或加注黄油
爆胎	轮胎无气	胎压过低或轮胎磨损严重	更换轮胎
电控失灵	电控失灵	保险丝断，总开关失灵，供电电压不足	更换保险丝，维修或更换总开关，为供电电源充电
称重系统故障	同上		

第八章　设施养牛装备技术维护

相关知识

一、机械技术维护的意义

新的或大修的机械，其互相配合的零件，虽经过精细加工，但表面仍不很光滑，如直接投入负荷作业，就会使零件造成严重磨损，降低机器的使用寿命。机械投入生产作业后，由于零件的磨损、变形、腐蚀、断裂、松动等原因，会使零件的配合关系逐渐破坏，相互位置逐渐改变，彼此间工作协调性恶化，使各部分工作不能很好地配合，甚至完全丧失功能。

技术维护是指机械在使用前和使用过程中，定时地对机器各部分进行清洁、清洗、检查、调整、紧固、堵漏、添加以及更换某些易损零件等一整套技术措施和操作，使机器始终保持良好技术状况的预防性技术措施，以延长机件的磨损，减少故障，提高工效，降低成本，保证机械常年优质、高效、低耗、安全地进行生产。

设施养牛装备的技术维护是计划预防维护制的重要组成部分，必须坚持“防重于治，养重于修”的原则，认真做好技术维护工作是防止机器过度磨损、避免故障与事故，保证机器经常处于良好技术状态的重要手段。经验证明，保养好的机械，其三率（完好率、出勤率、时间利用率）高，维修费用低，使用寿命长；保养差的则出现漏油、漏水、漏气，故障多，耗油多，维修费用高，生产率低，误农时，机器效益差，安全性差。可见，正确执行保养制度是运用好农业机械的基础。

二、技术维护的内容和要求

机械技术维护的内容主要包括：机器的试运转、日常技术保养及定期技术保养和妥善的保管等。

（一）机器试运转

试运转又称磨合。试运转的目的是通过一定的时间，在不同转速下和负荷下的运转，使新的或大修过的机械相对运动的零件表面进行磨合，并进一步对各部分检查，排除可能产生故障和事故的因素，为今后的正常作业，保证其使用寿命，打下良好的基础。

各种机械有各自的试运转规程。同类产品试运转各阶段时间的长短，各生产厂家的规定也彼此相差颇大。但就试运转的步骤而言，大致是相同的，如拖拉机一般分为四个阶段进行，即：发动机空运转、带机组试运转、行走空载试运转和带负荷试运转。具体见各机械的使用说明书。试运转结束后，应对机械进行一次全面技术保养，更换润滑油，清洗或更换滤清器等。

（二）日常保养

日常保养又称班次保养，是在每班工作开始前或结束后进行的保养。尽管各种机械由于结构、材料和制造工艺上的差异，保养规程各不相同，但其保养的内容大致相同。一般包括清洁、检查、调整、紧固、润滑、添加油料和更换易损件等。

1. 清洁

（1）清扫机器内外和传感器上黏附的尘土、颖壳及其他附着物等。

（2）清理各传动皮带和传动链条等处的泥块、秸秆。

（3）清洁风机滤网、温帘、发动机冷却水箱散热器、液压油散热器、空气滤清器等处的灰尘、草屑等污物。

（4）按规定定期清洗柴油、机油、液压油的滤清器和滤芯；定期清洗或清扫空气滤清器（注意：部分有的空气滤清器只能清扫不能清洗）。

（5）定期放出油箱、滤清器内的水和机械杂质等沉淀物。

2. 检查、紧固和调整

机械在工作过程中，由于震动及各种力的作用，原先已紧固、调整好的部位会发生松动和失调；还有不少零件由于磨损、变形等原因，导致配合间隙变大或传动带（链）变形，传动失效。因此，检查、紧固和调整是机械日常维护的重要内容。其主要内容如下。

（1）检查各紧固螺钉有无松动情况，特别是检查各传动轴的轴承座、过桥轴输出皮带轮、传动轴皮带轮等处固定螺钉。

（2）检查动、定刀片的磨损情况，有无松动和损坏；检查动刀片与定刀片的间隙。

（3）检查各传动带、传动链的张紧度，必要时进行调整。

（4）检查密封等处的密封状态，是否有渗漏现象。

（5）检查制动系统、转向系统功能是否可靠，自由行程是否符合规定。

（6）检查控制室中各仪表、操纵机构、保护装置是否灵敏可靠。

（7）检查电气线路的连接和绝缘情况，有无损坏和接触。

3. 加添与润滑

（1）及时加添油料。加添油料最重要的是油的品种和牌号应符合说明书的要求，如柴油应沉淀 48 小时以上，不含机械杂质和水分。

（2）及时检查加添冷却水。加添冷却水，最重要的是加添干净的软水（或纯净水），不要加脏污的硬水（钙盐、镁盐含量较多的水）等。

（3）定期检查蓄电池电解液，不足时及时补充。

（4）按规定给机械的各运动部位加添润滑油（剂） 如链条、各铰链连接点、轴承、各黄油嘴、发动机、传动箱、液压油箱和减速器箱等。

加添润滑剂最重要的是要做到“四定”，即“定质”、“定量”、“定时”、“定点”。“定质”就是要保证润滑剂的质量，润滑剂应选用规定的油品和牌号，保证润滑剂的清洁。“定量”就是按规定的量给各油箱、润滑点加油，不能多，也不能少。“定时”就是按规定的加油间隔期，给各润滑部位加油。“定点”就是要明确机械的润滑部位。

4. 更换

在机械中，有些零件属于易损件，必须按规定检查和更换，如“三滤”的滤芯、传动链、传动胶带、动、定刀片和密封件等。

（三）定期保养

定期保养是在机器工作了规定的时间后进行的保养。定期保养除了要完成班次保养的全部内容外，还要根据零件磨损规律，按各机械的使用说明书的要求增加部分保养项目。定期保养一般以“三滤”（空气滤清器、柴油滤清器、机油滤清器）、电动机、风机等的清洁、重要部位的检查调整，易损零部件的拆装更换为主。

三、机器入库保管

（一）入库保管的原则

1. 清洁原则

清洁机具表面的灰尘、草屑和泥土等黏附物、油污等沉积物、茎秆等缠绕物，清除锈蚀，涂防锈漆等。

2. 松弛原则

机器传动带、链条、液压油缸等受力部件要全部放松。

3. 润滑密封原则

各转动、运动、移动的部位都应加油润滑，能密封的部件尽量涂油或包扎密封保存。

4. 安全原则

做好防冻、防火、防水、防盗、防丢失、防锈蚀、防风吹雨打日晒等措施。

（二）保管制度

1. 入库保管，必须统一停放，排列整齐，便于出入，不影响其他机具运行。

2. 入库前，必须清理干净，无泥、无杂物等。

3. 每个作业季节结束后，应对机器进行维护、检修、涂油，保持状态完好，冬季应放净冷却水。

4. 外出作业的机器 ，由操作人员自行保管。

（三）入库保管的要求

使用时间短，保管时间长的机器，且该机结构单薄，稍有变形或锈蚀便失灵不能正常作业，因此，保管中必须格外谨慎。

1. 停放场地与环境

机器的停放场地应在库棚内；如放在露天，必须盖上棚布，防止风蚀和雨淋，并使其不受阳光直射，以免机件（塑料）老化或锈蚀（金属部分）。

2. 防腐蚀

机器不能与农药、化肥、酸碱类等有腐蚀性物资存放一起，胶质轮不能沾染油污和受潮湿。

3. 防变形

为防止变形，机器要放在地势较高的平地且接地点匀称，绝对不得倾斜存放；机器上不能有任何杂物挤压，更不能堆放、牵绑其他物品，避免变形。

4. 塑料制品的保养

（1）塑料制品尽量不要把它放在阳光直射的地方，因为紫外线会加快塑料老化。

（2）避免暴热和暴冷，防止塑料热胀冷缩减短寿命。

（3）莫把塑料制品放在潮湿、空气不流通的地方。

（4）对于很久没有用过的塑料制品，要检查有没有裂痕。

5. 橡胶制品的保养

橡胶有一定的使用寿命，时间久了，就会老化。在保存方面，除了放置在日光照射不到，阴凉干燥处外，也要远离含强酸和强碱的东西。另外还有一个延长使用寿命的方法：在橡胶制品不使用的时候，可在其外表外涂抹一些滑石粉即可。

四、保险丝的组成及作用

保险丝一般由熔体部分、电极部分和支架部分 3 个部分组成。

保险丝的作用　在电流异常升高到一定的高度的时候，自身熔断切断电流，从而起到保护电路安全运行的作用。因此，每个保险丝上皆有额定规格，当电流超过额定规格时保险丝将会熔断。更换时应与原额定规格相同，千万不要用铜丝或大于原额定规格的保险丝代用。

操作技能

一、饮水设备的技术维护

1. 电加热饮水槽的技术维护

（1）定期清洗水槽和管路。

（2）经常检查各接口和焊点有无漏水或损坏现象。

（3）定期检查饮水槽固定于螺栓是否松脱，并旋紧。

（4）冬季使用时要经常检查是否有结冰并有效除冰和防冻。

2. 自动饮水器的技术维护

（1）使用中应根据实际情况定时清洗，方法：先打开饮水器上部盖子，取出两个浮球后，用刷子或抹布擦洗内部，然后旋下饮水器的排水盖，即可排空贮水。

（2）经常检查各接口和内胆有无漏水或损坏现象。

（3）冬季使用时要经常检查是否有结冰并有效除冰和防冻。

二、通风设备的技术维护

1. 日常维护保养

（1）每日检查轴承温度，如温度过高应检查并消除温升原因。

（2）每日检查紧固件、连接件，不得有松动现象。

（3）风机噪声应稳定在规定范围内，如遇噪声突然增加，应立即停止使用，检查消除。

（4）风机振动应在规定范围内，如遇振动加剧，应立即停车，检查消除。

（5）传动皮带有无磨损、伸长、过紧，如有及时更新或调整。

（6）轴承体与底座应紧密结合，严禁松动。

（7）用电流表监视电机负荷，不允许长时间在超负荷状态下运行。

（8）检查电机轴与风机轴的平行度，不许带轮歪斜和摆动。

2. 定期维护保养

（1）清除通风设备表面的油污或积灰，不能用汽油或强碱液擦拭，以免损伤表面油漆部件的功能。

（2）查看电控装置，进行除尘，检查是否有断开线路。

（3）检查电线管路固定情况，必要时加固 。

（4）电机轴承是含铜轴承，必要时向注油孔中注入适量机油。

3. 风机停用后的保养

（1）清理检查风机轴承体各零部件、除污、除尘。如有损坏，需更新。

（2）清洁检查通风管道和调节阀。如有漏气，必须补焊、堵漏。

（3）检查主轴是否弯曲，按要求校直或更新。

（4）检查叶轮。如磨损严重，引起不平衡，应重新动静平衡，或更换新叶轮。

（5）检查皮带轮有无损坏。如有，需更换。

（6）检查电机，电气设备保证处于完好状态。

（7）对运动件、摩擦件、旋转件应加油润滑、调整间隙；对金属件要做好防锈处理。

（8）试运转正常后，做设备完好标志，进入备用状态保管。

三、铡草机的技术维护

（1）检查调整动定刀片间隙到0.1～0.3mm，并将固定螺栓拧紧。

（2）检查调整挡草板与喂入辊间隙到0.3～0.5mm，并将固定螺栓拧紧。

（3）检查各部件的紧固件，防止其松动或脱落，以致造成机器损坏。

（4）各注油孔每工作1～4h加注一次46#纯净机油、轴承部位每半年清洗加注一次钙基润滑脂。

（5）铡切作业结束后，清除机内杂物，擦拭干净后放在干燥的库房，防止风吹、雨淋，以免生锈、腐蚀。

（6）检查动定刀锋利情况，如不锋利要及时刃磨，以免阻力过大损坏刀体。

（7）定期检查调整变速箱伞形齿轮间隙。如图8－1所示。打开变速箱盖，拆下轴头螺栓1和2，旋转圆螺母7和11，使大、小伞形齿轮沿轴向前后移动，当齿合间隙达到理想位置后，将轴头螺栓1和2锁紧。

四、固定式全混合日粮饲料制备机的技术维护

1. 设备工作8h后应进行日常保养

（1）检查所有螺母、螺栓连接件是否松动，要重新拧紧。

（2）检查料箱内各搅龙轴端法兰的连接螺栓是否松动。

（3）检查搅龙叶片、刀片的磨损情况，如钝则重磨锋利或更换切刀。

（4）检查轮罩内链条的润滑情况，同时要给轴承添加润滑脂。

（5）检查传动链条的张紧度，并进行必要的调整。如图8－2所示。

（6）停机时及时清理箱体内转动轴上的缠草。

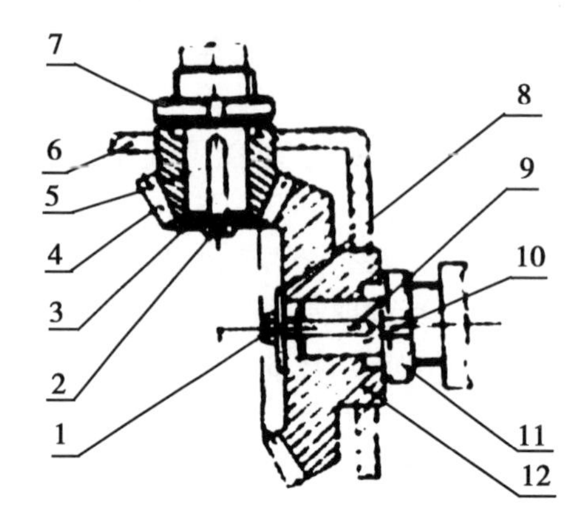

图8-1　变速箱伞齿间隙调整示意图

1-大齿轮轴头螺栓；2-小齿轮轴头螺栓；3-压盖；
4-小伞轮；5-主轴；6-伞轮箱；7-圆螺母；8-压盖；
9-平键；10-变速一轴；11-圆螺母；12-大伞轮

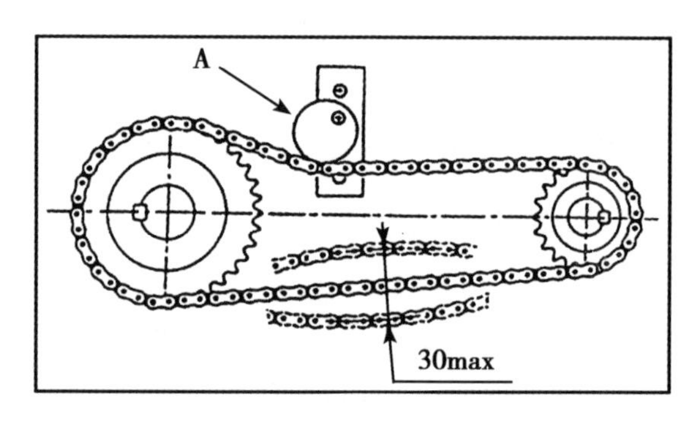

图8-2　检查传动链条张紧度

（7）检查各部位润滑情况，对传动轴和主副搅龙上的油嘴及缺少润滑油的加油嘴加注润滑油。

（8）检查齿轮箱润滑油液面高度。

2. 设备每运行150h后应进行定期保养

（1）用润滑脂与齿轮油混合调匀润滑传动链条。

（2）检查调整传动链条的张紧度。

（3）检查所有螺栓螺母连接件是否松动，并紧固可靠。

（4）检查料箱内搅龙及壳体上的刀片，如有磨损、崩齿，及时调换方向或更换。

如发现搅拌时间比往常要长的话，需调整箱体内的刀片。正常情况下动、定刀片之间的间隙小于1mm。如果动刀磨损，需要更换；如果定刀磨损可以将其抽出来换个方向，因为定刀有4个刀刃，可用4次。换刀时，机器必须熄火。

3. 齿轮箱的技术维护

（1）冷机检查机油量。机器放平，拨出检油尺，用干净布擦净，再插入齿轮箱内，视其油面是否在上下刻线之间偏上处。如不足，应按说明书规定的牌号加注润滑油到接近上刻线。

（2）更换齿轮油时间。齿轮箱齿轮油第一次换油时间在工作 50 ~ 100h 后必须更换。以后每工作 200 ~ 500h 更换一次齿轮油。

（3）更换齿轮箱油。

①拧下齿轮箱上部的注油孔螺帽。齿轮箱安装在搅龙下方，制备车底部。②准备存放齿轮箱油的油桶或油盆，拧开齿轮箱底部的放油孔螺栓，放尽齿轮箱齿轮油。③用清洁柴油清洗齿轮箱，边清洗边转动齿轮，清洗净齿轮箱的沉淀物和黏附物。放尽清洗油。④拧紧放油孔螺栓。⑤加入符合说明书要求的新齿轮油到接近上刻线。若油面低于油尺下刻线，再注入一些油至适当油位，不要超过上刻线。齿轮箱内注油总量约 13L。⑥在看油尺检查前，让搅龙转动几分钟确保系统内无气泡。⑦加完油后将注油孔螺帽盖好。

五、牵引式全混合日粮饲料制备机的技术维护

在工作结束后或做维修、保养、清洁或排除故障前，必须将拖拉机和搅拌车停放平衡，拉起手制动，降低后部清理板，将取料滚筒放回最低位置，关闭拖拉机发动机，取下启动钥匙。仔细阅读使用手册。拆装设备时必须使用正确的工具并带手套，需提升设备时，必须确保支撑合适、可靠。技术维护同固定式全混合日粮饲料制备机，但有以下不同点。

1. 设备工作 8h 后应维护保养动力传输轴

2. 工作 100h 后进行定期保养

（1）检查液压油管和油缸的磨损、泄漏和损伤，如有应更换问题零部件。

（2）按使用说明书中规定检查轮胎压力，不够则进行充气。

（3）检查车轮螺栓并紧固。

（4）检查全部螺栓、螺母并紧固，螺栓紧固力见下表。

（5）检查车轮轴承，必要时调整。

表　螺栓紧固力

公称尺寸	紧固力（8.8 级螺栓）	
	扳手宽度（mm）	紧固力（N·m）
M8	13	24
M10	16	48
M12	18	85
M14	21	135
M18	27	290
M20	30	400
M22	34	550
M24	36	700

（6）车上的液压油第一次工作 100h 更换一次，以后每工作 800h 更换一次。工作 50h 清洗一次液压油滤芯，换油后 400h 清洗一次液压油滤芯。

六、V 带的拆装和张紧度检查

1. 拆装

拆装 V 带时，应将张紧轮固定螺栓松开，不得硬将 V 带撬上或扒下。拆装时，可用起子将带拨出或拨入大胶带轮槽中，然后转动大皮带轮将 V 带逐步盘下或盘上。装好的胶带不应陷没到槽底或凸出在轮槽外。

2. 安装技术要求

安装皮带轮时，在同一传动回路中带轮轮槽对称中心应在同一平面内，允许的安装位置度偏差应不大于中心距的 0.3%。一般短中心距时允许偏差 2～3mm，中心距长的允许偏差 3～4mm。多根 V 带安装时，新旧 V 带不能混合使用，必要时，尺寸符合要求的旧 V 带可以互相配用。

3. V 带张紧度的检查

V 带的正常张紧度是以 4kg 左右的力量加到皮带轮间的胶带上，用胶带产生的挠度检查 V 带张紧度。检查挠度值的一般原则是：中心距较短且传递动力较大的 V 带以 8～12mm 为宜；中心距较长且传递动力比较平稳的 V 带以 12～20mm 为宜；中心距较长但传递动力比较轻的 V 带以 20～30mm 为宜。如图 8－3 所示。

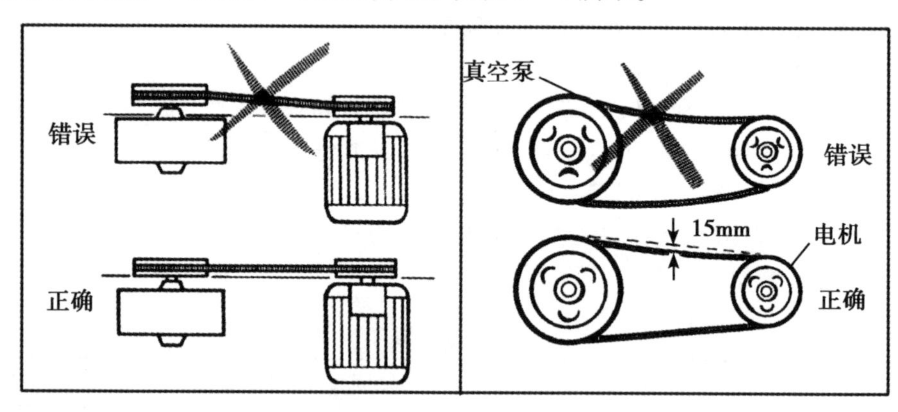

图 8－3　V 带松紧度调整示意图

第三部分　设施养牛装备操作工——中级技能

第九章　设施养牛装备作业准备

相关知识

一、桶式挤奶机作业准备

1. 检查机电共性技术状态。
2. 对挤奶机进行清洁和消毒。
3. 检查真空泵的润滑油量和皮带轮防护罩。
4. 检查挤奶杯组性能。
5. 检查脉动器性能。
6. 检查真空管道的密封性，开关灵敏性。

二、贮奶罐作业准备

1. 检查机电共性技术状态。
2. 切断电源对贮奶罐进行清洁和消毒。
3. 人员进入罐体内部时，应防止人孔盖意外闭合造成的窒息事故。

三、牵引刮板式清粪机作业准备

1. 检查操作人员应穿上绝缘鞋等防护用品。
2. 检查机电共性技术状态。
3. 检查电控制柜的接地保护线及漏电、触电保护器（空气开关）等保护设施。
4. 检查电源电压和线路连接状况。
5. 检查行程开关的灵敏性和可靠性。
6. 检查所有传动部件组装状况。
7. 检查所有螺栓和紧固件的状况。
8. 检查所有需要润滑部件的润滑状况。
9. 检查电动机、减速机等各部件的动力运动状况。
10. 检查转角轮与牵引绳运转状况。
11. 检查清除粪道的障碍物。
12. 冬季检查清除粪道内的结冰现象。

四、拖拉机悬挂铲式清粪机作业准备

1. 检查悬挂铲的技术状态。

2. 检查拖拉机的技术状态。
3. 检查悬挂铲和拖拉机连接牢固性。
4. 给拖拉机加注的燃油、机油和冷却水等。

五、高压清洗机作业准备

1. 检查电源线路的技术状态。
2. 检查供水管路的技术状态。
3. 检查高压清洗机的技术状态。
4. 检查加热装置的技术状态。

六、湿帘风机降温设备作业准备

1. 操作者淋浴消毒。
2. 检查牛舍内外环境和对象等。
3. 检查风机技术状态。
4. 检查湿帘技术状态。
5. 检查湿帘供水系统技术状态。

七、喷淋降温设备作业准备

1. 操作者淋浴消毒。
2. 检查水源水压和管道技术状态。
3. 检查喷嘴、恒温器和定时器、电磁开关的技术状态。

操作技能

一、桶式挤奶机作业前技术状态检查

1. 检查机电共性技术状态是否良好。
2. 检查桶式挤奶机的消毒清洗是否符合技术要求。
3. 检查供电电缆应该采用空挂式防火橡胶电缆。
4. 检查电源应有可靠的接地保护线及漏电开关等保护设施。
5. 检查电源电压是否正常，不可超出额定电压的5%，若电压波动超出范围，应配置一个稳压器。
6. 检查真空泵皮带的松紧度和皮带轮防护罩是否安装牢固。
7. 如果使用三相电源的真空泵，应检查电机的转向是否符合要求。
8. 检查真空泵的润滑油量是否符合要求。检查润滑油供给，如供油正常，可观察到真空泵油壶有油，并为喷油状态，进油管以气泡形式向泵内喷油；如果发现无此状况，则说明润滑油供给不畅或油量过大，需停机检查，必要时减量或添加润滑油。
9. 检查真空管道是否畅通、密封良好，开关灵敏有效。真空调节器应当有明显的放气声，如没有说明真空储气量不够。如有这种情况应打电话给专业工程师。
10. 检查真空表读数。

（1）接通电源，打开挤奶机上的电源开关。观察真空表指针是否升起并逐步接近工作负压值，如泵在运转但压力表指针不动，则可能是真空球阀为关闭或真空罐侧堵未密封或真空表已损坏，此时应及时排除后再进行下一步。

（2）套杯前与套杯后，真空表的读数应当相同。摘取杯组时真空会略微下降，但5s内应上升到原位。

11. 检查挤奶杯组性能是否良好。奶杯内衬和杯罩间应无水，如有水或奶，表明内衬有破损，应当更换。

12. 检查集乳器进气孔是否清洁畅通。如果集乳器进气孔堵塞，集乳器中的奶就不能顺利排出。这会导致掉杯，并且伤害乳房。

13. 检查输奶管等橡胶部件是否漏气。橡胶部件有任何磨损或漏气都应当更换。

14. 盖好奶桶盖，关闭集乳器上的气阀开关，打开真空罐上的真空阀，观察真空表，看指针是否为工作负压值，如不是应调整调压阀直到为正常的工作压为止。

二、贮奶罐作业前技术状态检查

1. 参见第五章第一节检查机电共性技术状态。

2. 检查贮奶罐应先切断主电源，再进行消毒后用水彻底清洗，使之符合技术要求。

3. 检查电源是否有可靠的接地保护线及漏电、触电保护器（空气开关）等保护设施。

4. 检查各连接部件的螺栓、螺母是否紧固牢靠。

5. 检查阀门是否关闭，盖口是否锁紧。

6. 打开电脑控制箱接线相序。检查三相四线电源线接在箱体下部A、B、C端子上(零线必须接在0号端子)，要求相序正确，接地良好。相序正确时，机组正常运转。否则，电脑控制面板上的相序保护灯常亮。断电后，调换三相电源的任意两相，通电后按恢复键，机组会自动进入运行状态。

7. 开机前，系统各阀门均应打开，检查油加热器工作是否正常，注意高低压力表的平衡，压力与环境温度是否对应。如过低，应检查系统中是否缺氟。

8. 将控制器面板上开关Ⅰ置“自动”位置，开关Ⅱ置“弱冷”位置，合上控制箱内空气开关，进行试运行。

9. 检查风机、压缩机转动方向是否与警示标志相一致，确认后方可开机运行。严禁冷凝风机、压缩机反转。

三、牵引刮板式清粪机作业前技术状态检查

1. 检查操作人员进入养殖区时是否更换工作服、工作帽、绝缘鞋等防护用品，并进行淋浴消毒。

2. 参见第五章第一节检查机电共性技术状态。

3. 检查电源是否有可靠的接地保护线及漏电、触电保护器（空气开关）等保护设施。

4. 检查电源、电控柜指示灯是否正常和线路连接是否良好，是否有破损。

5. 检查行程开关有无机械性损坏，工作是否灵敏可靠。

6. 检查所有传动部件是否组装正确，有无松动。

7. 检查驱动装置、钢丝绳、刮粪板等所有螺栓和紧固件是否锁紧牢固可靠。

8. 检查所有需要润滑部件是否加注润滑油。检查减速器的油位情况，从油镜中能否看到润滑油。

9. 检查电动机、减速机等转向是否正确，运转时各部件无异常响声，如有应立即停机检查。

10. 检查主动绳轮和被动绳轮绳轮槽是否对齐，牵引绳有无出槽重叠、绳轮槽内是否干净。检查转角轮是否保持水平位置，固定是否坚实稳固。检查牵引绳磨损程度、松紧程度、表面干净程度。点动检查牵引绳是否运转良好，无抖动现象。

11. 检查联轴器对中性是否良好，误差不得大于所用联轴器的许用补偿。

12. 检查传动皮带松紧度是否合适，过松或过紧应调节。

13. 检查粪道是否有障碍物。粪沟内水泥地面无破损、坑洼现象、局部粪便清不净现象。冬季检查粪道内是否有结冰现象。

14. 检查刮粪板下端有无缺损，是否刮净粪沟。

15. 点动检查刮粪板是否起落灵活，与粪沟地面、粪沟两侧有无卡碰现象，检查底部刮粪橡胶条磨损情况。

16. 检查刮粪板回程时离地间隙符合设备要求，一般为80～120mm。

四、拖拉机悬挂铲式清粪机作业前技术状态检查

1. 检查悬挂铲技术状态是否完好，铲刀无缺口。

2. 检查悬挂铲与拖拉机连接是否牢固可靠。

3. 检查悬挂铲的升降装置是否灵敏可靠。

4. 检查拖拉机轮胎气压是否符合技术要求。

5. 检查发动机技术状态是否良好，燃油、机油和冷却水是否符合要求。

6. 检查底盘技术状态是否良好，离合器间隙、自由行程、制动间隙等是否符合技术要求。

7. 检查拖拉机电气和液压系统的技术状态是否良好。

五、高压清洗机作业前技术状态检查

1. 检查操作者是否穿戴好筒绝缘雨靴、防护服、头盔、口罩、护目镜、橡皮手套等防护用品。

2. 检查操作者进入养殖区时是否淋浴消毒。

3. 检查喷雾器、天平、量筒和容器等器械是否准备齐全。

4. 检查畜禽舍和舍内设备是否清洁。要求舍内地面、墙壁无畜粪、毛、蜘蛛网等其他杂物，设备干净、卫生、无死角。

5. 检查供水系统是否有水。

6. 检查舍内地面排水沟、排水口是否畅通。

7. 检查供电系统电压是否正常、线路是否绝缘，连接良好、开关灵敏有效。

8. 检查畜禽舍内其他电器设备的开关是否断开，防止漏电事故发生。

9. 检查清洁剂是否符合要求。是否已经批准可用于高压清洗机里的清洁剂，并仔细地读清洁剂上的标签以确定不会给动物或人带来可能的危险。不要使用漂白剂！

10. 检查高压清洗机作业前技术状态是否良好。

（1）检查高压管路无漏水现象、无打结和不必要的弯曲、管路无松弛、鼓起和磨损情况。

（2）检查高压水泵各连接件、紧固件是否安装正确、完好，无漏水现象，每分钟漏水超过 3 滴水，须修理或更换。

（3）检查高压水泵运动的声音是否正常，无漏油现象。

（4）检查油位指示器的油位是否位于两个指示标志之间。

（5）检查进水过滤器窗口，看是否有碎片堵塞。碎片会限制进泵水流导致机器工作效果变差，如果窗口变脏或堵住，应拆下来清洗并更换。

（6）选择喷嘴。低压喷嘴可以让设备吸入清洁剂，高压喷嘴可以用不同的喷射角度来喷射水。每一种喷嘴都有不同的扇形喷射角，范围从 0°~40°。

（7）检查喷嘴部位无漏水、喷嘴孔无堵塞。如果堵塞，用喷嘴孔清洗工具清理堵塞物。使用前，用干净的水冲洗清洗机和软管内的碎片，确保喷嘴、软管畅通，使水流最大，同时排除设备内空气。

（8）检查加热装置技术状态是否完好。

六、湿帘风机降温设备作业前技术状态检查

1. 检查操作者进入畜禽舍时是否淋浴消毒、更换工作服。

2. 检查畜禽舍内外环境和对象等是否异常。

（1）检查畜禽表现是否正常。如牛舍中，当舍内一端的牛只表现与另一端的牛只表现明显不同时，可能是通风量不足，需要开启更多的风机。

（2）检查记录养殖舍内温度、舍外温度、空气质量，查验温度计上的温度和实际要求的温度是否吻合。

（3）检查养殖舍内前、中、后 3 个部位的温度差，利用机械式通风和进风口的调节使温度一致。

（4）风机使用前、使用中检查养殖舍的门、窗是否全部关闭。

3. 检查风机技术状态是否良好。

（1）检查风机进、出风口有无影响排风效果的障碍物、风机与墙体之间密封是否完好，如有空隙，用玻璃胶进行密封。风机附近严禁堆放杂物，尤其是轻便物品，以防风机吸入。

（2）清洁风机护网、风机壳体内壁、扇叶、百叶窗、电机、支撑架等部件上的黏附物。

（3）检查风机护网有无破损等。

（4）检查风机扇叶是否变形，扇叶与支架固定螺栓是否牢固，用手转动扇叶，检查扇叶与集风器间隙是否均匀，扇叶与集风器是否会有刮蹭现象，扇叶轴是否水平。

（5）检查皮带松紧度和磨损情况。皮带过松或过紧应调节电机位置。大、小皮带轮前端面是否保持在同一平面内，误差不能超过 1mm。

（6）不运行时检查百叶窗窗叶是否变形受损。风机关闭后窗叶之间有无间隙，运行时检查百叶窗窗叶上下摆动是否灵活、顺畅、有无噪音、开启角度是否到位（窗叶水平）、不同窗叶开启角度是否保持一致。

（7）检查轴承运转情况。缺油应加润滑脂，加脂量约为轴承内腔的2/3。

（8）检查电源电路、电机接线及接地线是否良好，风机外壳或电机外壳的接地必须可靠。

（9）打开电控柜，检查各种接线是否牢固，清除电器设备上的灰尘。

（10）电机固定是否牢固，电机电源线是否有损害（主要是鼠害造成）。

（11）风机首次使用，安装合格后，应进行点动试运转，检查风机扇叶转向与转向标牌指示是否一致，不一致则调换三相电机接线端子上的任两根线即可；检查电机运转声音是否异常，机壳有无过热现象，运行是否平稳、与集风器是否刮蹭；扇叶轴轴承有无异响等。

4. 检查湿帘技术状态是否良好。

（1）检查供水水源是否符合要求。

（2）检查供水池水位是否保持在设置高度、浮球阀是否正常供水、池中水受污染程度、池底和池壁藻类滋生情况，保证循环用水。

（3）检查供水系统过滤器的性能和污物残存情况，确保其功能完好，如过滤器已破损，则更换过滤器。

（4）检查湿帘上方的管线出水口，确保水流均匀分布于整个湿帘表面。

（5）检查湿帘固定是否牢固；湿帘表面有无破损、有无羽毛、树叶等杂物积存。

（6）检查湿帘纸之间有无空隙，如有空隙应修复。如果湿帘局部地方保持干燥，那么室外热空气不仅可以顺利进入舍内，而且还会抵消降温效果。

（7）检查湿帘内、外侧有无阻碍物。

（8）检查湿帘框架是否有变形，湿帘运行中接头处有无漏水现象和溢水现象。

（9）开启水泵通电，检查水泵是否正常。按照说明书进行开/关调节，检查供、回水管路有无渗漏和破损现象、湿帘纸垫干湿是否一致、有无水滴飞溅现象、水槽是否有漏水现象。

七、喷淋降温设备作业前技术状态检查

1. 检查水源是否清洁，水压是否符合喷淋技术要求。
2. 检查输水管道的技术状态是否良好，不渗漏。
3. 检查喷嘴的技术状态是否良好。
4. 检查恒温器和定时器的技术状态是否灵敏有效。
5. 检查电磁开关的技术状态是否良好。

第十章 设施养牛装备作业实施

相关知识

一、挤奶机的种类及组成

（一）挤奶机主要种类及技术参数

我国目前挤奶机主要种类有移动式挤奶车、桶式挤奶机、管道式（含管道计量式）挤奶机、厅式挤奶机4类，其中管道式和厅式挤奶机由于牛位棚架和坑道的不同又分为鱼骨式、并列式、中置式、平面式以及转盘式。我国目前主要应用较多的是管道计量式挤奶机。

挤奶机械主要技术参数有：真空泵形式、真空泵额定抽气量、真空泵额定真空度、挤奶机械工作真空度、挤奶杯组数、脉动器形式、脉动频率、脉动比率等。

（二）桶式挤奶机

1. 组成

桶式挤奶机是由挤奶桶或挤奶罐、真空管、脉动器、长脉动管、长奶管 、奶杯、集乳器等组成，见图10－1。

图10－1 桶式挤奶机

2. 工作过程

工作时，把真空管连接到真空管道的开关上，与真空泵及真空管道等组成挤奶系统（图10－2），当挤奶杯套入牛乳头时，在真空和脉动器的作用下，牛奶通过集乳器和奶管直接进入奶桶。

二、贮奶罐的种类及组成

贮奶罐从工作性质上分为牛奶储藏运输罐和牛奶制冷罐两种，从外观结构上分为立式和卧式两种。

（一）牛奶储藏运输罐

牛奶储藏运输罐主要由罐体、罐盖、不锈钢阀体、清洗装置及人梯、护栏、座体等部分组成（图10－3）。罐体的内胆采用奥氏体304食品级不锈钢焊接，罐体保温层采用聚氨酯整体发泡技术填充。主要技术参数包括：外形尺寸、额定容量、保温层厚度、清洗方式、结构重量外壳和内胆材质、保温层材料等。主要用于鲜奶的保温运输及储存。

（二）牛奶制冷罐

牛奶制冷罐由外壳，内胆、制冷蒸发器、搅拌器、人孔盖、温度计、进料口、透气孔、蝶阀、扶梯、制冷机组、CIP进程口、CIP喷淋头、电控柜等组成（图10－4）。罐体内外二层复合结构，全部采用不锈钢制造，为全封闭式、绝热性能良好的常压容器，并在内胆与外壳之间设有聚胺酯硬质泡沫保温材料，采用全自动控制，电控柜安装于奶罐侧面或近端，便于控制，奶罐设备与电控柜相结合，能对制冷系统作自动温度控制，对搅拌系统自动控制。牛奶制冷罐主要技术参数包括：级别、外形尺寸、额定容量、保温层厚度、清洗方式、结构重量、外壳和内胆材质、保温层材料、搅拌器转速、额定电压、额定功率、制冷剂型号等。主要适用于牧场或收奶站的鲜奶冷却贮存。

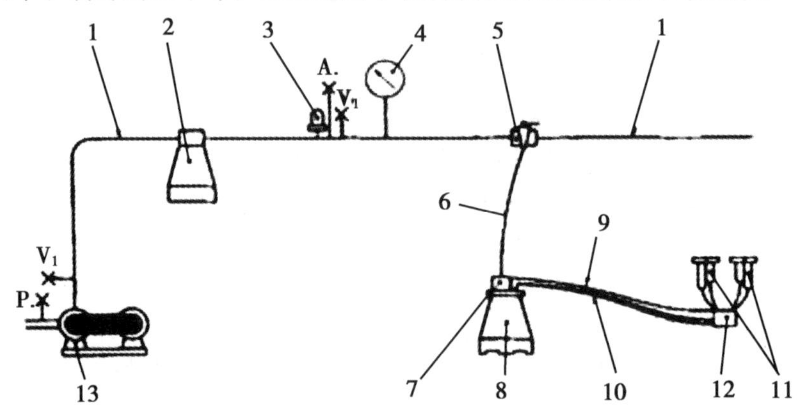

图 10－2　桶式挤奶机工作过程示意图

1－主真空管道；2－隔离罐；3－调节器；4－真空表；5－真空接口；6－真空管；7－脉动器；8－挤奶桶或挤奶罐；9－长脉动管；10－长奶管；11－奶杯组；12－集乳器；13－真空泵

图 10－3　牛奶储藏运输罐

图 10－4　牛奶制冷罐

（三）贮奶罐操作注意事项

1. 开机后正常工作的标记

（1）冷冻机启动后，汽缸中应无杂声，运转时可用螺丝刀进行听诊，多听能辨别压缩机工作正常与反常声音。

（2）压缩机外壳不应有结霜现象，热负荷较小的工作条件下，吸气管结霜部位一般可到吸气口为正常。

2. 使用工作范围及限制条件

为保护全封闭压缩机的安全、可靠和耐久，必须遵守下列工作范围及限制：

（1）工作电压必须在铭牌标定电压值 ±10%。

（2）在压缩机末端，三相不平衡值必须在 3% 以下，三相不平衡计算公式如下：

$$(V_{最大值} - V_{最小值})/V_{平均值} \times 100\%$$

（3）电机线圈工作温度一般低于 70℃，最高不得超过 100℃。

电阻法：绕组的温升也可用电阻法测量。导体电阻随着温度升高而增大。电阻与温升存在如下关系：

$$q = [(R_2 - R_1)/R_1](K + t_1) + t_1 - t_2$$

式中：K——常数，对于铜 $K=234.5$，对于铝 $K=228$；

R_1——电动机运转前所测的绕组电阻（W）；

t_1——电动机运转前绕组的温度（即环境温度）（℃）；

R_2——电动机额定负载运转到温度稳定后停机马上测出的绕组电阻（W）；

t_2——试验完毕时电动机周围的环境温度（℃），一般 t_2 值不等于 t_1。

测量出 R_2、R_1，同时测量出环境温度 t_1、t_2，就可以计算出绕组温升 q。

（4）不得使用压缩机作为制冷系统抽真空之用。

（5）压缩机在使用中不得产生液出现象。遇此情况应立即停机。

（6）贮奶罐的绝缘电阻应大于 2MΩ。

（7）润滑油可采用 18 号冷冻机油（含水量 <30mg/kg），润滑油的选用、更换时间及方法和加入量应按产品说明书的规定进行。

（8）贮奶罐内奶液低于搅拌桨叶不能启动压缩机。

（9）开机后压缩机至少连续运行 5min，停机后间隔时间最短不小于 2min。

（10）每小时开关次数不得超过 6 次。

（11）制冷剂中水的含量不得超过 10mg/kg（出厂时已加制冷剂）。

（12）高低压力控制器高压断电值 1.85MPa，低压断电值 0.2MPa。

（13）首次使用或长期停止使用后再使用时，应使压缩机电热器预热 8h 方可启动压缩机。电加热与压缩机为逆向使用，即压缩机开，电加热器停，电加热器开，压缩机停。

（14）温度控制器调定值 4℃和 7℃，当罐内奶温降至 4℃左右自动停机，切勿在奶温降至 3℃后在机组继续工作。这种情况下应立即停机，检查温度控制器，当罐内奶温上升至 7℃左右机组自动启动。

（15）奶罐放奶后应立即进行清洗。

（16）奶罐停用后应保持罐内干燥清洁，严禁在罐内长期存放液体。

(17) 严禁用钢丝刷洗奶罐。

三、清粪设备的种类及组成

牛舍常用的清粪设备有拖拉机悬挂铲式清粪机、机械刮粪板、螺旋搅龙清粪机、高压清洗机等。

(一) 拖拉机悬挂铲式清粪机

该机是在拖拉机上悬挂清粪铲或用推土（铲运）机清粪，属于移动式刮板清粪机。该机主要由清粪铲、橡胶刮板、粪铲臂、升降机构、调节架和拖拉机组成（图 10－5）。清粪装置一般安装在拖拉机的前面，清粪铲刃的下端安装橡胶刮板，粪铲体和铲臂构成一体，铲臂末端销连在拖拉机支撑销轴上。扳动操纵手柄即可通过液压升降装置（或钢丝绳和滑轮）升降粪铲。当粪铲处于刮粪状态时，铲底部橡胶刮板贴附在地面上刮起和推移粪便。通过调节架可以调节粪铲和地面之间的间隙，以保证既能把粪便刮干净，又减少粪铲和地面间的摩擦阻力和不破坏地面。

该机优点是结构简单，机动灵活，可以用于室内、室外清粪，故障少，易形成固态粪有利于进一步处理；缺点是不易自动化，清粪时有噪音，舍内易受发动机排气的污染。一般用于经常打开的畜禽舍中的明沟清粪，如为暗沟，则缝隙地板或笼架必须制成悬臂式。

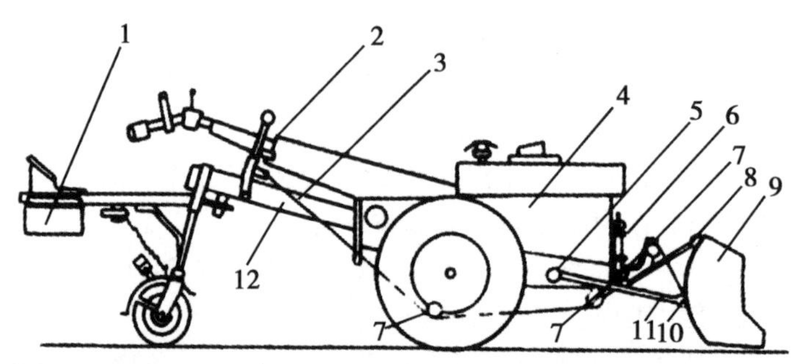

图 10－5　拖拉机悬挂铲式清粪机示意图

1－配重块；2－操纵手柄；3－钢丝绳；4－手扶拖拉机；5－支撑轴销；
6－调节架；7－滑轮；8－连接耳；9－推铲；10－圆柱销；11－铲臂；12－连接梁

(二) 机械刮粪板

机械刮粪板有专门针对漏缝地板的漏缝式刮粪板，也有专门针对水泥地面的组合式刮粪板，针对清粪通道较宽或牛床垫料使用秸秆的折叠式刮粪板等。

机械刮粪板因其优良的工作效果、出色的工作可靠性和适当的成本价格，在我国奶牛场应用较多。常用的是牵引刮板式清粪机。

1. 牵引式刮板清粪机

牵引式刮板清粪机主要由驱动装置（包括电机、减速器、联轴器、大绳轮、小绳轮等）、转角轮、牵引绳（主要为钢丝绳或亚麻绳）、刮粪板、行程开关及电控装置等组成（图 10－6）。

该机按动力构成可分为单相电和动力电两种。按机器配套减速机型号可分为蜗轮蜗杆减速机和摆线针减速机两种。使用蜗轮蜗杆减速机电机与减速机之间皮带相连接，使用摆线针减速机电动机和减速机之间直接法兰连接。摆线针减速机输出扭矩大更适合加宽加长粪道，刮粪宽度最宽可以达到4m。按绕绳轮区可分为单驱动轮和双驱动轮。单驱动轮机器运转时候一个动力输出轮，双驱动轮机器运转时两个动力输出轮有效的避免了绳子打滑现象的发生。一般清扫宽度根据用户而定，为700～400mm，清扫长度10～150m 。其特点是：操作简便，镀锌刮板能够耐腐蚀保证了清粪机使用寿命，设置自动限位、过载保护装置，运行可靠，无气候、地形等特殊要素影响，基本没有噪音，对牛群的行走、饲喂、休息不造成任何影响。

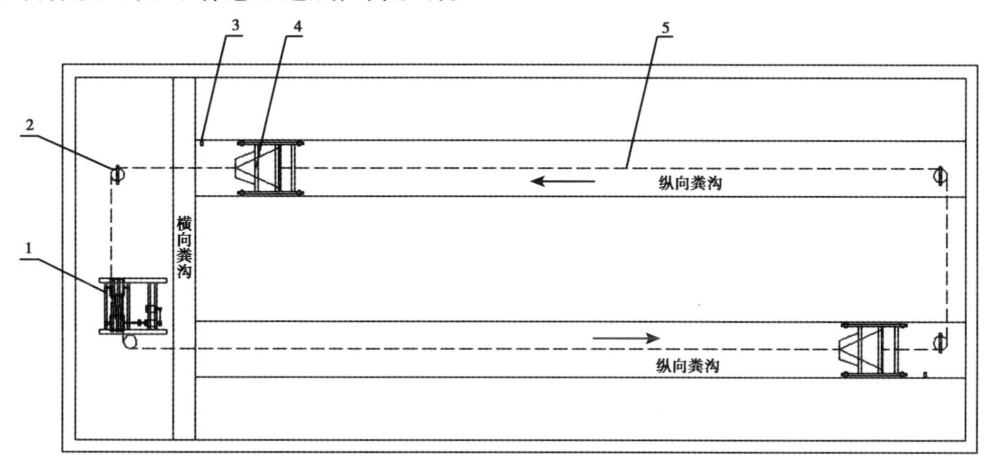

图10－6　牵引式刮板清粪机组成示意图

1－驱动装置；2－转角轮；3－行程开关；4－刮粪板；5－牵引绳

工作时，开启倒顺开关，驱动装置上电机输出轴将动力经皮带和减速机传至驱动装置的主动绳轮和被动绳轮，由主动绳轮和被动绳轮与牵引绳（钢丝绳或亚麻绳）间的挤压摩擦获得牵引力，从而牵引刮粪板进行清粪作业。以2条纵向粪沟清粪为例，清粪时，处于工作行程位置的刮粪板自动落下，在车架上呈垂直状态，紧贴粪沟地面，刮粪板随着牵引绳的拉力向前移动，将粪沟内的粪便推向集粪坑方向（图10－6中的上列）；位于空程返回的刮粪板自动抬起，离开粪沟地面，在车架上呈水平状态，空程返回（图10－6中的下列和图10－7）。2台刮板机完成1次刮粪行程后，当处于返回行程的刮粪板的撞块撞到行程开关时，电机反转，处于返回行程的下列刮粪板向相反方向运动，呈工作行程；原来处于工作行程的上列刮粪板则处于返回行程，将粪便遗留在粪沟中的某一位置，当该列的返回行程结束（撞块撞到行程开关）时，再次恢复工作行程，由另一个刮粪板将留在粪沟中的粪便继续向前移动。如此往复运动，依次将粪便向前推移，直至把粪沟内的粪便都推到横向粪沟输送带送至舍外。牵引绳的张紧力由张紧器调整。刮粪板往返行程由行程开关控制。

采用这种工艺的尾端积粪方式有倾倒盖式和漏缝式积粪两种。倾倒盖式积粪见图10－8，当刮粪板运动到尾端时，盖子由刮板掀起、倾倒粪便，之后刮板按照设定的形程自动返回，使得倾倒盖重新回到关闭状态。使用这个方式对牛或车辆的通行没有任何障碍，且气体排放量小，非常适合绿色牛舍。漏缝式积粪见图10－9，刮板将粪便倾倒在漏缝板上，粪便在缝隙间漏下去，但不是所有粪便都能轻易漏过去，特别是稻草或青贮饲料的粗块，最终还是留在板上。当牛舍很长时，这种漏缝式倾倒方式就不太适用。

牵引式刮板清粪机技术参数：配套动力为1.1～1.5kW，牵引力≥3 000N，工作速度为0.25m/s，适用粪沟数量为每台可用于1～4列粪沟，刮粪板回程离地间隙为80～120mm，刮净度≥95%。

图10－7　牵引式刮板清粪机后退场景

图10－8　倾倒盖式积粪

2. 环形链式刮板清粪机

环形链式刮板清粪机由驱动装置、链子、刮板、导向轮和张紧装置等部分组成（图10－10）。工作时，驱动装置带动链节在环形粪沟内做单向运动，装在链节上的刮板便将粪便带到倾斜升运器上，通过倾斜升运器，可将粪便输送到舍外的运输车辆上。

为防腐，清粪机的链子和刮板一般用不锈钢制造。粪沟的断面形状要与刮板尺寸相适应。刮板能自由地上下倾斜，以使刮板底面能紧贴在粪沟底面上，保证良好的刮粪效果。新型环形链式刮板清粪机的主要技术参数一般为：链节距115mm，刮板间距

460mm，刮板伸出长度 290mm，刮板高度 52mm，链板移动速度 0.17～0.22m/s，生产率 3.8t/h，功率 4kW。各生产厂家根据用户的需求，参数也有变化。适用于对头排列的双列牛舍，粪沟连成环形。

图 10－9　漏缝式积粪

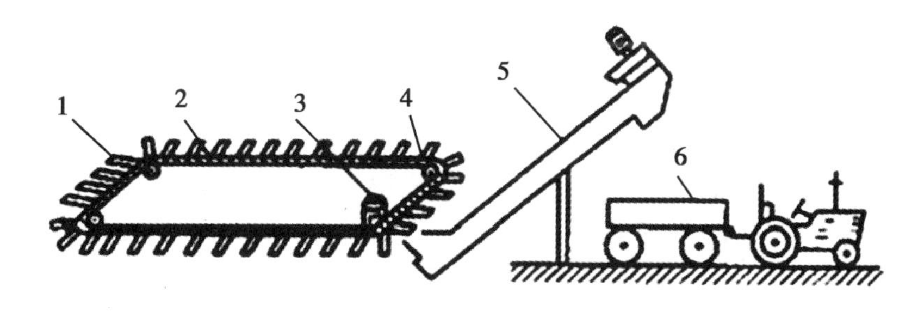

图 10－10　环形链式刮板清粪机示意图

1－刮板；2－链子；3－驱动装置；4－导向轮；5－倾斜升运器；6－拖车

（三）螺旋搅龙清粪机

螺旋搅龙清粪机是一种采用螺旋搅龙输送粪便的清粪机。一般仅用于牛舍的横向清粪，即将牛粪便运至舍外，往往与往复式刮板清粪机联合使用。横向粪沟断面做成 U 型，并低于纵向粪沟，在横向粪沟中安装螺旋搅龙。刮板清粪机将纵向粪沟内的粪便输送到横向粪沟中，螺旋搅龙转动时就将粪便送至舍外。

（四）高压清洗机

高压清洗机也称高压水射流清洗机、高压水枪。其功用是用通过动力装置使高压柱塞泵产生高压水，经喷嘴喷出变成具有冲刷力的高压水射流来冲洗牛舍地面及物体表面，将污垢剥离，冲走，达到清洗物体表面的目的。

按动力可分为电机驱动高压清洗机、汽油机驱动高压清洗机等。按出水温度可分为冷水高压清洗机和热水高压清洗机两大类。两者区别在于热水清洗机里加了一个加热装置，一般会利用燃烧缸把水加热，迅速冲洗净大量冷水不容易冲洗的污垢，提高了清洁效率，但该机价格偏高，且运行成本高。

冷水高压清洗机主要由电动机、进水阀、水泵、出水阀、管路、高压水枪、清洗剂吸嘴、高压水管、电源线、温控开关、电源开关等组成。热水高压清洗机在冷水高压清洗机的基础上增加了加热器、喷油嘴、点火电极总成 、油箱、燃油滤清器、油泵、风机等（图 10 – 11）。

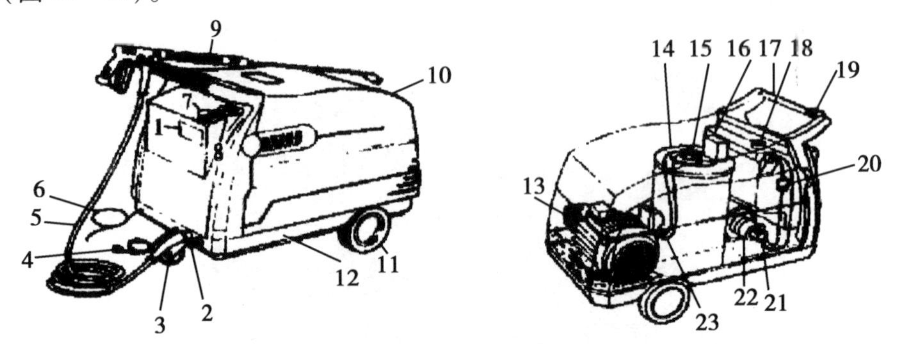

图 10 – 11　高压清洗机结构示意图

1 – 商标；2 – 进水口；3 – 后轮；4 – 清洗剂吸嘴；5 – 高压水管；6 – 电源线；7 – 温控开关；8 – 电源开关；9 – 高压水枪；10 – 护罩；11 – 前轮；12 – 底盘；13 – 电机、高压泵总成；14 – 加热器；15 – 喷油嘴、点火电极总成；16 – 烟囱；17 – 车扶手；18 – 油箱；19 – 枪托；20 – 燃油滤清器；21 – 油泵；22 – 风机；23 – 高压点火线圈

四、牛舍降温设备的种类及组成

牛舍常用的降温设备有湿帘风机降温设备和喷淋降温设备等。

（一）湿帘风机降温设备

湿帘风机降温设备由水箱、水泵、水管、湿帘、风机、框架、循环水设备和控制装置组成。

1. 湿帘

湿帘是水蒸发的关键设备。制造湿帘的材料一般木刨花、棕丝、塑料、棉麻、纤维纸等，目前最常用的是波纹纸。波纹纸质湿帘是由经树脂处理并在原料中添加了特种化学成分的纤维纸黏结而成，呈蜂窝状，厚度一般为 100 ~ 200mm。它具有耐腐蚀、通风阻力小、蒸发降温效率高、能承受较高的过流风速、便于维护等特点。此外，湿帘还能够净化进入畜禽舍内的空气。湿帘系统的组成（图 10 – 12）。

湿帘的技术性能参数主要有降温效率和通风阻力。这两个参数的数值大小取决于湿帘厚度和过帘风速 y（通风量/湿帘面积）。湿帘越厚、过帘风速越低，降温效率越高；湿帘越薄、过帘风速越高，则通风阻力越小。为使湿帘具有较高的降温效率，同时减小通风阻力，过帘风速不宜过高，但也不能过低，否则使需要的湿帘面积增大，增加投资，一般取过帘风速 1 ~ 1. 5m/s。一般当湿帘厚度为 100 ~ 150mm、过帘风速为 1 ~ 1. 5m/s 时，降温效率为 70% ~90%，通风阻力为 10 ~ 60Pa。湿帘的水流量应为每米帘宽度 4 ~ 5L/s，水箱容量为每平方米湿帘面积 20L。

有资料报道：当舍外气温为 28 ~ 38℃时，湿帘可使舍温降低 2 ~ 8℃。但舍外空气湿度对降温效果有明显影响，经试验，当空气湿度为 50%、60%、75% 时，采用湿帘可使舍分别降低 6. 5℃、5℃和 2℃，因此，在干旱的内陆地区，湿帘通风降温系统的效果更为理想。

湿帘应安装在通风系统的进气口（迎着夏季主导风向的墙面上），以增加空气流速，提高蒸发降温效果。水箱设在靠近湿帘的舍外地面上，水箱由浮子装置保持固定水面。其安装位置、安装高度要适宜，应与风机统一布局，尽量减少通风死角，确保舍内通风均匀、温度一致。同时在湿帘进风一侧设置沙网（25 目左右），用来防尘和防止杂物吸附在湿帘上。湿帘进水口前设置过滤器，防喷淋口堵塞。

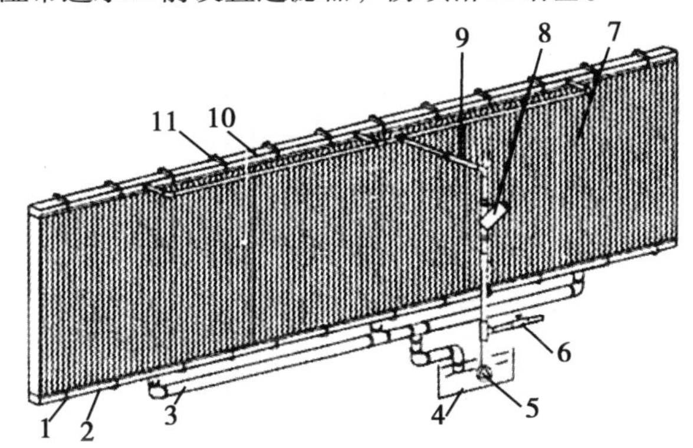

图 10－12　湿帘系统组成示意图

1－框架托板；2－下框架；3－回水管；4－水池；5－水泵；6－排水球阀；
7－湿帘；8－过滤器；9－供水主管；10－上框架；11－框架挂钩

安装时，应将湿帘纸拼接处压紧压实，确保紧密连接，湿帘上端横向下水管道下水口应朝上安装，同时湿帘的上下水管道安装时要考虑日后的维护，最好为半开放式安装；并拉线对湿帘横向水管进行找平，保证整体保持水平状态，且湿帘的固定物不可紧贴湿帘纸，安装完毕后对整个水循环系统进行密闭处理。

2. 风机

主要是采用大风量低压轴流风机。风机主要由扇叶、百叶窗、开窗机构、电机、皮带轮、集风器（进风罩）、内框架、机壳、安全护网等部件组成（图 10－13）。开机时由电机驱动扇叶旋转，并使开窗机构打开百叶窗排风。停机时百叶窗自动关闭，以防室外灰尘、异物等进入，亦可避免雨雪及倒风的影响。

3. 湿帘风机设备运行模式

根据国内大部分养殖场所在地理位置、气候条件等因素，大多设置三种气候控制模式。

（1）夏季运行模式。夏季以防暑降温为目的，须保证夏季最大通风量。牛体附近的风速应在 1.2～1.8m/s 为宜，不宜超过 2m/s。

（2）春、秋季运行模式。春、秋天的气候比较温和，主要以通风换气为主。这两个季节一般关闭湿帘水泵，依据设定温度，通过自动开启不同数量的风机进行通风换气。

（3）冬季运行模式。寒冷季节中，通风的目的是为畜禽提供新鲜空气并保持热量的同时排除舍内多余水分、尘埃和有害气体，以保证畜禽最小通风换气量为原则，畜禽附近的风速应在 0.1～0.2m/s 为宜，不宜超过 0.3m/s。

4. 湿帘冷风机

湿帘冷风机是湿帘与风机一体化的降温设备，由湿帘、轴流风机、水循环设备及机壳等部分组成。风机安装在湿帘围成的箱体出口处，水循环设备从上部喷淋湿润湿帘，并将湿帘下部流出的多余未蒸发的水汇集起来循环利用。风机运行时向外排风，使箱体内形成负压，外部空气在吸入的过程中通过湿帘被加湿降温，风机排出的降温后的空气由与之相连接的风管送入要降温的地方。湿帘冷风机的出风方向有上吹式、下吹式和侧吹式（图 10－14）。

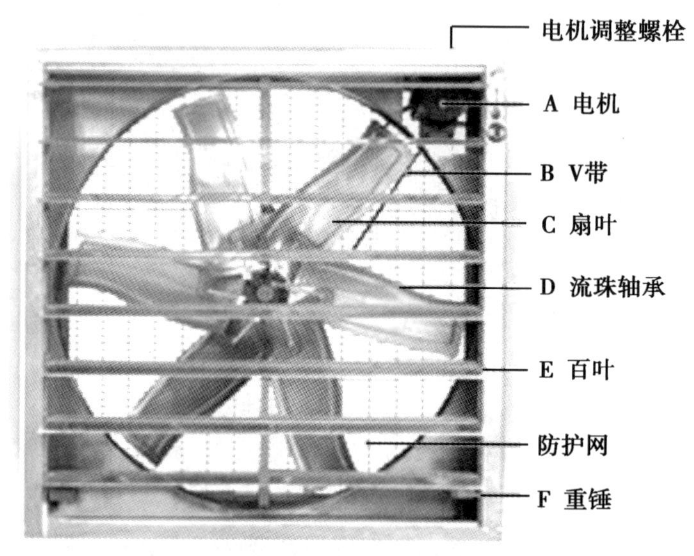

图 10－13　风机结构示意图

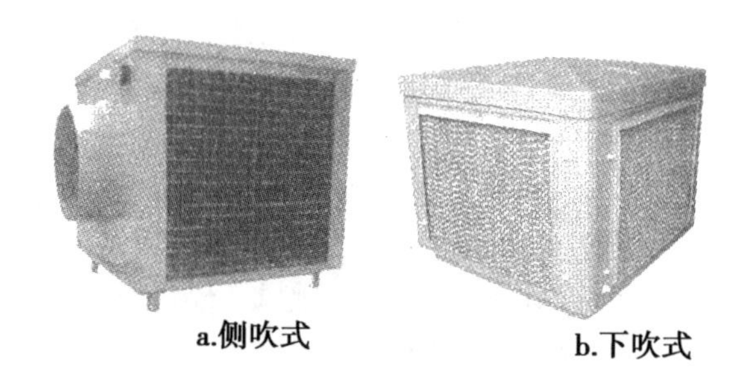

图 10－14　湿帘冷风机

湿帘冷风机使用灵活，畜禽舍是否密闭均可采用，并且可以控制降温后冷风的输送方向和位置，尤其适合畜禽舍内局部降温的要求。湿帘冷风机的出风量在 2 000～9 000m^3/L。其降温效率、湿帘阻力等特性与湿帘—风机降温设备相似。不同的是湿帘冷风机采用的是正压通风的方式，其设备投资费用较大。

（二）喷淋降温设备

喷淋降温就是用降温喷头直接将水喷淋在畜禽身上，通过水的蒸发带走畜禽表皮的体热而为其降温。这种直接降温的方式特适合于牛、猪等个体较大的家畜。

喷淋降温设备由带浮子装置的水箱、水泵、管道、喷嘴、恒温器和定时器等组成（图 10－15）。如畜禽舍有自来水则可省去水箱和水泵。

该设备由电磁水阀控制，设定环境温度达到 30℃时，每隔 45～60min 开启 2min，水通过降温喷头喷出细水滴向家畜身体表面为其降温，喷淋在畜体上的水经过 1h 左右就能蒸发干，这时电磁水阀自动开启工作，继续喷淋。供水管子直径为12.7mm，喷头离地高度为2m。其优点是不需要较高的压力，一般压力在100～250Pa即可；成本较低，可以直接将降温喷头安装在自来水系统中。

喷淋降温设备安装使用要注意以下几点。

（1）避免在畜禽的躺卧区喷淋。

（2）避免过量喷淋，造成地面积水。

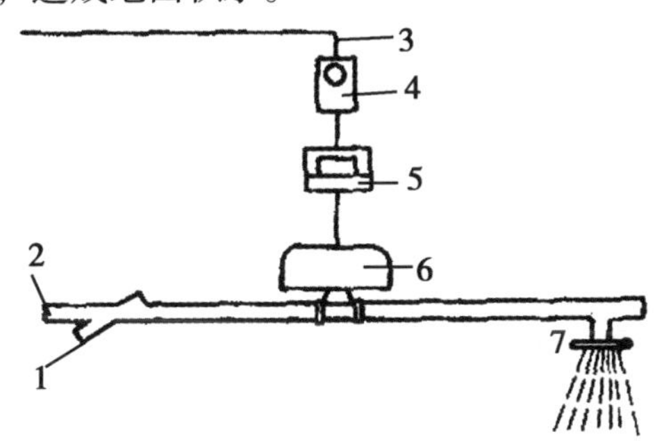

图10－15　畜体淋水器

1－可卸去的过滤网；2－供水管；3－电线；4－定时器；5－恒温器；6－电磁开关；7－喷嘴

操作技能

一、操作桶式挤奶机进行作业

1. 乳房检查

挤奶前应检查奶牛乳房健康情况，对乳房有不良状况的奶牛要单独处理。

2. 乳头清洗

挤奶前使用毛巾蘸上40～45℃含1%～2%漂白粉的热水或次氯酸钠消毒液对乳房和乳头进行擦洗，并用干毛巾擦干，最好做到一牛一巾。

3. 乳头药浴

用装有3%次氯酸钠消毒液的塑料杯对每个乳头药浴20～30s，药浴液要定期更换。

4. 药浴后

用毛巾或纸巾擦干乳头，按摩20s促进催产素的分泌。

5. 检查奶样

注意较脏的奶头应先洗净并擦干后再挤。

6. 快速套上挤奶杯组

注意套杯动作要快，尽量减少空气流入奶杯，这对双集乳器的挤奶机尤为重要，因为空气流入过多会导致已套好的挤奶杯组脱杯。

（1）首先把集乳器平端，使 4 根橡胶奶衬自然下垂，奶衬即可靠不锈钢的垂力就把集乳器的 4 个口关闭，把集乳器平端着伸入奶牛乳房下，用平端集乳器的食指顶开集乳器底部的挤奶器开关。

（2）其次用最靠近牛头的手持住集乳器，然后接通真空，把第一个奶杯套到最远的乳头上，用母指、无名指及小指握住奶杯的头，留出食指、中指在上面作引导乳头进入奶衬内，将不锈钢杯向上竖起时也不漏气，然后迅速把奶衬套入奶牛的乳头上。

（3）假奶头处理。如果奶牛有一个或两个乳头不能挤奶，奶杯口应用本公司专卖的假奶头堵住，以防漏气。

7. 掌握挤奶时间

每头奶牛挤奶所需的时间都不会完全相同，一般都应在5～8min 内挤完。

8. 挤干净残奶

挤奶结束前，当观察到四个乳头基本没有奶下来后，用一只手抓住集乳器，微用力向奶牛前拉一拉，这样可使后乳区所剩的残余奶液挤得干净。

9. 取下挤奶杯组

当向前拉一拉发现没有奶流下来后，一只手切断真空，让空气进入乳头和奶杯奶衬之间的空间。另一只手把四只奶杯抱住，这样会使奶杯松脱，取下。

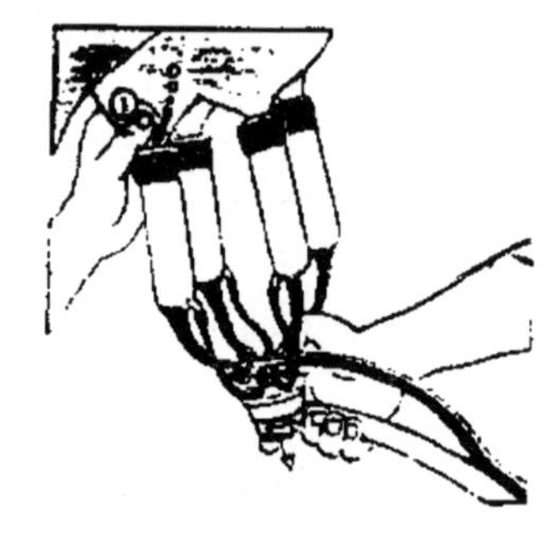

10. 乳头消毒

挤完奶后再用专用消毒液浸蘸或喷浴乳头，能防止发生乳房炎。

11. 倒牛奶

牛奶桶中牛奶液面已达到奶桶高度的 2/3 的位置时，应把桶中的牛奶倒到另一个容器中。否则牛奶有可能被吸入真空泵，损坏真空泵及电机。

倒牛奶操作：

（1）关上真空球阀，从乳头上取下奶杯组。

（2）待桶内气压恢复至大气压值，掀开奶桶盖倒出牛奶，然后将奶桶放回原处，盖好桶盖。

12. 清洗

挤奶结束后应立即进行清洗，必须使用挤奶机专用清洗剂才能有效地洗净挤奶机，而又不会损坏挤奶机上的橡胶零部件。下表所列的温度为最低温度，即低于此温度清洗液就不能发挥正常清洗效果。

表 清洗液配制

清洗剂种类	清洗液配制	时 间
碱液（DUSK）	20ml 碱液 +10L（65～75）℃热水	下午挤奶后使用

13. 作业注意事项

（1）运送和使用清洗消毒剂时，必须带橡胶手套、防护镜、围裙和橡胶长靴。

（2）碱性和酸性药剂分装并有标记，挤奶机清洗中用到的酸性清洗剂、碱性清洗剂及消毒剂必须单独分开使用，绝对不能混合使用，否则会发生爆炸等剧烈化学反应。

（3）挤奶机清洗时清洗涤不可直接与人的皮肤接触，特别注意不应入眼内及口内，如有以上现象发生，应立即用清水冲洗，严重者应送医院治疗。

（4）机器运转时不得拆卸真空泵皮带轮防护罩。

（5）操作时不要接触真空泵消音器外壳以免烫伤。

（6）当检查或维修驱动装置、滚轮、轨道或此区域中的任何其他设备时，应将该驱动装置的电气主电源切断和锁住，在拆卸旋转座架的接线盒、电源盖或者在旋转座架上做任何工作之前，应确保断开旋转座架的电源。

二、操作制冷奶罐进行作业

1. 机具技术状态检查合格后，再进行操作。启动压缩机前。如用水冷凝器，必须先开启水路中的阀门。

2. 电加热开关应处在常开位置上。

3. 装奶前，开关Ⅰ置“自动”位置，开关Ⅱ置“弱冷”位置，关闭排奶阀即可装奶。

4. 当奶罐内奶液达到搅拌机叶片以上位置时，方可开启制冷机组．搅拌指示灯亮，搅拌机开始工作，制冷指示灯闪动，预备开机。

5. 当奶量达到奶罐容量的 1/3 位置时，可将开关Ⅱ置“弱冷”位置。

6. 当奶量超过奶罐容量的 1/2 位置时，可将开关Ⅱ置“强冷”位置。

7. 当奶温降到设定下限温度时，由于电脑控制器控制，制冷机组自动停机。

8. 当奶温升到设定上限温度时，制冷机组会自动开机工作，保持奶温在设定温度范围内。搅拌机通过定时器作用，能定期搅拌奶液。

9. 无论电脑故障或奶液在何温度，如需要机组启动工作，则必须将开关Ⅰ置“强制”位置（此功能不能长期使用，且必须有工作人员值守，随时观察机组运行状况）。

制冷机组累计工作 20h 将自动回油，机组会有杂音、化霜等，这些都是机组自动回油产生的现象，在数分钟后，机组即能正常工作。

10. 检查电热器工作是否正常，特别在冬天压缩机底部温度高于环境温度 6℃才能开机。

11. 检查高低压力表的平衡，压力与环境温度是否对应，如过低应检查系统是否缺氟。

12. 取奶。先将开关 I 置“手动搅拌”位置，让奶充分进行搅拌后，将管路中的阀门放在取奶位置。如采用奶泵抽奶时，应将罐体顶部人孔盖打开，防止人孔盖意外闭合，以避免因真空过大造成内胆变形。

13. 清洗冷却罐。

（1）冷却罐内的奶取完后，应认真清洗冷却罐，洗涤时取出进奶管，搅拌机同时打开。最好每周进行一次酸洗。清洗用的清洗剂可用 60 ~ 80℃ 的温水（主要用于冲刷罐壁上的存奶）、碱性清洗剂（主要用于除掉脂肪成分）、酸性清洗剂（用于去除脂肪蛋白质和乳石）和杀菌剂（可对奶罐进行杀菌）。一般使用三天碱性清洗剂，然后再使用一天酸性清洗剂清洗，酸性清洗剂有一定的腐蚀性，使用后要用水彻底清洗。杀菌剂可用：6% 的苏打水加 240 ~ 300 倍的水稀释。将 20L 左右配好的杀菌剂放在水桶里，浸泡海绵进行洗刷。使用杀菌剂时，要在装奶前 30min 以内进行。

（2）清洗注意事项

①设备清洗和维修时必须切断本设备电源。否则，会造成触电、受伤等。②人员进入罐体内部清洗时，应防止人孔盖意外闭合造成的窒息事故。③不要让水及清洗剂飞溅，万一电器部分溅上水，要等水充分干燥后，才能通电，以免部件绝缘不良。④不得将湿布等物长时间放在罐的表面，以免发生锈蚀。⑤冷却灌表面所附污物、污垢应及时清洗干净。⑥一旦表面生锈，要马上用研磨粉研磨，并使其保持干燥。⑦注意缸体均用不锈钢制成，表面经过精密抛光。因此严禁用钢丝刷清洗罐体内部。

14. 作业注意事项

（1）机组正常工作时要保证电压稳定，无论在稳定或不稳定工作条件下，排气口温度必须低于 130℃，油温必须高于吸气温度 25℃。压缩机组润滑油采用 N32 冷冻油。

（2）开机后压缩机至少连续运行 5min，每小时开关次数不得超过 6 次。制冷剂中水的含量不得超过 5mg/kg。不允许外界杂物进入制冷系统，机组的安装倾斜度在工作时不得大于 5°。

（3）作业时，严禁冷凝风机、压缩机反转，请检查转动方向是否与警示标志相一致，确认后方可开机运行。

（4）不得将手和其他物品伸入冷凝风机的网罩内，以免造成人员受伤或损坏冷凝风机。

三、操作牵引刮板式清粪机进行作业

（一）安装

1. 地沟

地沟设计一般为一边深一边浅，深的那边一般设计成 30 ~ 35cm，是出粪和固定主机的地方，浅的那边一般设计成 16 ~ 18cm，这样便于清舍时候，水往一头流，另外便于主机隐藏于地下。

2. 主机

主机安装应挖成 1m 见方，深 70cm 的坑，然后使混凝土浇注，浇注时打上预埋铁，浇完后上平面应比地沟底面低12～13cm。

安装主机时，可用电焊点上几点即可，也可使用大号膨胀螺丝连接固定。

3. 转角轮

安装转角轮千万要注意，参考安装图，绳子绕的轮槽边是中心，不是转向轮的轴中心，如果中心找错了，刮粪时粪板将跑偏不稳定。中心找好后用混凝土浇注，浇注至转向轮轴露出来4cm即可。转向轮高度，从沟底往上量20cm，水泥墩60cm×60cm。

4. 绕绳

绕绳的时候，应先把绳子一头在主机两个绕绳轮绕满，然后再把转向轮绕上。最后在一个刮粪板上扣死即可。

5. 紧绳

紧绳应该有2个人，1个人把着开关，另1个人把绳子从刮粪板架子上绕过去，然后把绳子头固定的转向轮的轴上，然后一个人拉绳子，一个人开开关，主机把绳子拉紧即可。

6. 安装注意事项

（1）以绳子或链条中心线为基准。

（2）保证各个拐角处转角轮中心位置的线性度、垂直度。

（3）缓冲弹簧的端头应朝下。

（4）电机轴和传动链轮的接触面及连接螺栓需打黄油后再安装，方便日后维修拆卸。

（5）电气安装：规范操作，接线牢固，设备必须使用真正地线接地，通电之前认真核对。

（二）作业

（1）检查机具技术状态符合要求后，开启驱动电机，系统即进入工作状态。

（2）人工定期清理刮粪板首尾两端的清粪死区。

（3）检查刮粪板是否能畅通无阻地移动，而不会碰到突出的地板或螺栓头等。

（4）完成工作后要按下停止按钮，并应切断电源。

（三）注意事项

（1）操作电控装置时应小心谨慎，防止电击伤人。

（2）刮板工作时，前进方向上严禁站人。

（3）操作面板的设置不允许非技术人员任意修改。严禁提高刮粪板行走速度。

（4）出现异常响声，要立即停机，切断电源后进行维修，禁止带电维修。

（5）在寒冷地方必须安装防冻保护。如刮板等已冻住，首先应除掉电机、转角轮上附着的粪便，如果设备仍依然冻结，应用热水或盐水解冻后才能重新启动电机。

（6）更换电路过载保护装置时，应严格按照使用说明书配置，不得随意提高过载保护装置过载能力。

四、操作拖拉机悬挂铲式清粪机进行作业

1. 机具技术状态检查合格后，将离合器挂空挡，主、副变速手柄挂在空挡，制动手柄放在制动挡，油门放在中等供油位置，启动发动机。

2. 冷机低速运转2min左右，加大油门，提高转速。

3. 操作升降手柄，将悬挂铲提升离开地面20cm。

4. 将离合器挂空挡，主变速手柄放在行走的挡位上，拖拉机起步并行驶到清粪地点。

5. 操作升降手柄，将悬挂铲下降浮到地面上1cm左右。

6. 驾驶拖拉机往前开，将粪便推向养殖舍一端输粪机上输送到舍外。

7. 再将拖拉机开到起点端，依次将粪便推向养殖舍一端输粪机上，直至该地结束。

8. 将拖拉机开到另一地点进行清粪。

五、操作高压清洗机进行作业

1. 连接水源。使用供水软管连接设备与水源（水龙头），打开进水口。

2. 从支架上将全部高压水管拉下来，将设备开关调到“I”，此时，指示灯会变绿。

3. 释放手喷枪锁和枪杆，扳动手喷枪的扳机。

4. 通过旋转压力流量控制开关，调整操作水压与流速，使用高压束状以射流形式冲去牛舍墙壁、地面和设备表面污物。

（1）调整操作水压与流速时，最好是在距离清洗区域1～2m远的地方启动设备，采用一个大的扇形喷射角范围，并根据具体情况相应地调整喷射距离和喷射角度，左右移动喷枪杆来回几次并检查表面是否干净。如果需要加强清洗，将喷枪杆移动靠近表面（30～50cm），这将得到一个更好的清洗效果，并且不会损坏正在清洗的表面。

（2）当使用清洁剂时，从物体的底部开始喷射逐渐达到物体顶点。在冲洗前暂停5min～10min，让清洁剂在物体上停留下来并开始消散，分解掉所有的污物。但不能让清洁剂在物体上停留时间太长以至于在表面上变干。冲洗时，从物体顶部开始冲洗逐渐往下到物体底部，直到整个表面没有清洁剂和条纹印。

（3）畜禽进舍之前、出栏后必须对舍和设备进行清洗和消毒，冲洗畜禽舍时按照先上后下、先里后外的顺序，保证冲洗效果和工作效率，同时还可以节约成本。冲洗的具体顺序为：顶棚、笼架、食槽、进风口、墙壁、地面、粪沟，防止已经冲洗好的区域被再度污染。墙角、粪沟等角落是冲洗的重点，避免形成“死角”。

5. 操作中途中断时，将手喷枪的扳机释放，设备关闭，再次释放扳机时，设备将再次启动。

6. 清洗结束时，将清洁剂计量阀调到“0”，并将设备启动持续1min，用水流清除机器内残留的清洁剂。

7. 关闭设备时，将设备开关调到“0”，将电源插头拔出，关闭进水管，扳动扳机，直到设备没有压力，将手喷枪上的安全装置朝前推锁上，以防止误启动。

8. 设备长距离移动时，抓住手推柄朝前推拉。

9. 设备保存时，将手喷枪安置在支架上，卷起高压软管，将高压软管卷到软管轴

上，压下曲柄把手将软管轴上锁，将连接电缆卷到电缆支架上。

10. 当设备在寒冷环境下使用时，必须增加防冻措施。具体做法是：将喷枪（喷头）拆下，将出水管道插进供水水箱，开机打循环，使防冻剂在设备管路内循环。

如果泵或软管中的水已经结冰，泵机组必须在设备除冰后将喷枪（喷头）拆下，使低压水流经设备以确保设备中无冰渣后，方可重新起动。

11. 注意事项：

（1）操作人员进入养殖区时必须穿戴好防护用品，并淋浴消毒、更换工作服、戴口罩。

（2）清洗机不应与自来水管路直接连接，若需短暂连接必须配专用止回阀。

（3）要求清洗后无任何杂物。

（4）禁止对着人喷水。

（5）不要用喷射的水直接清洗机器本身，否则高压的水会损坏机器零部件。

六、操作湿帘风机降温系统进行作业

（一）风机的操作

1. 检查机具技术状态符合要求后，参照操作通风设备的方法启动电动机。

2. 风机开启时，畜养殖内所有门窗必须保持关闭状态，同一养殖舍部分风机运转时，其余风机百叶窗应处于关闭状态，防止空气流短路。

3. 作业时要检查养殖舍内前、中、后三点的温度差，利用机械式通风和进风口的调节使温度一致。

4. 风机停机时，严禁使用外力开启百叶窗，以避免破坏百叶窗的密合性。

5. 作业注意事项：

（1）风机在转动时严禁将身体任何部位和物件伸入百叶窗或防护网，严禁无防护网运行。

（2）在运行过程中如发现有风机振动、风量变小、噪音变大、电机有“嗡嗡”的异常声响、电机过热、轴承温升过高等异常情况，应立即停机，待检修排除故障后重新试机，以免由于小的故障导致风机的严重损坏。

（3）当突然断电时应关闭畜禽舍总电源，以防来电后设备自行启动，立即开启畜禽舍应急窗（侧墙通风窗）防止畜禽群被闷死，并迅速通知养殖场专职供电人员，尽快开动自备发电机供电。

（二）湿帘系统的操作

1. 当养殖舍外环境温度低于27℃时，一般采用风机进行通风降温，湿帘系统不开；当超过27℃时，启用湿帘系统。

2. 如启动湿帘风机降温时，应先关闭所有畜禽舍门窗和屋顶、侧墙的通风窗。

3. 水量调节。供水应使湿帘均匀湿透，每平方米湿帘顶层面积供水量为60L/min，如果在干燥高温地区，供水量要增加10%～20%。从感官上看，所有湿帘纸应均匀浸湿，有细细的水流沿着湿帘纸波纹往下流，不应有未被湿透的干条纹，内外表面也不应有集中水流。通过调节供水管路上溢流阀门的开口大小控制水量。

4. 水质控制。湿帘使用的水应该是井水或者自来水，不可使用未经处理的地表水，以防止湿帘孳生藻类。湿帘降温原理为水分蒸发吸收空气中热量，当启动湿帘系统时，水被蒸发掉，而其中的杂质及来自空气中的尘土杂物被留下来，导致在水中浓度越来越高，会在湿帘表面形成水垢，故要经常放掉一部分水，补充一些新鲜水，同时在重新进入供水管道前要过滤。

5. 系统每次使用结束后，水泵应比风机提前 10 ~ 30min 关闭，使湿帘水分蒸发晾干，以免湿帘上生长水苔。

6. 系统停止运行后，检查水槽中积水是否排空，避免湿帘底部长期浸在水中。

7. 注意事项：

（1）水泵不要直接放在水箱（或水池）底部。当水箱（或水池）缺水或水位高度不够时，严禁启动水泵，否则会造成水泵空转发热而烧坏水泵。注意控制水温最高不要高于 15℃。

（2）不要频繁启动或长时间运行湿帘。

（3）检查湿帘状况，特别要注意其表面结垢及藻类孳生情况。

（4）保证循环用水，注意水温最高不要高于 15℃。

（5）当舍外空气相对湿度大于 85% 时，湿帘效果会较差，此时应停止使用湿帘降温。

（6）湿帘的开启最好连接在温度控制仪上。用温度和时间同时控制，尽量不用人工开关，以防温度不均匀。

七、操作喷淋降温设备进行作业

1. 根据舍内温度情况设置恒温器的温度和定时器开、关时间。
2. 打开水管路阀门和开关。
3. 打开电磁开关。
4. 观察喷嘴喷洒情况，必要时进行调整。
5. 检查输水管道是否有渗漏，有则停止供水后排除。

第十一章　设施养牛装备故障诊断与排除

相关知识

一、挤奶机的工作原理和主要部件

（一）挤奶机的工作原理

挤奶机械的种类和样式很多，但其基本结构和工作原理相似，主要由真空系统、挤奶杯组、脉动器、牛奶收集系统和设备清洗系统等组成。其工作原理概括如下。

1. 利用真空系统在整套设备作业过程中建立起稳定的真空环境。

2. 通过脉动器，将真空系统提供的稳定真空转换为脉动真空，并传送到乳头杯的脉动室，使乳头杯有规律地吮吸和挤压。

3. 通过集乳器将从4个乳头吸出的牛奶汇集起来，由牛奶收集系统输送到贮奶罐内，做暂时保存。

（二）挤奶机主要部件

挤奶机械的主要部件有真空泵、集乳器、脉动器、奶衬、真空管路和输奶管路、清洗系统、自动脱落装置、计量装置等（图11－1）。

1. 真空泵

（1）真空泵的种类　真空泵是挤奶机的真空动力源。挤奶机上常用的真空泵有旋片泵、水环泵、活塞泵。现多为旋片式油环泵和无油泵配套变频电机。①旋片泵。是现国外使用最多的是真空泵，它的结构简单，造价低。常用的有250L/min、400～900L/min、1 500L/min、2 200L/min、3 000L/min。②水环泵。水环泵的结构比旋片泵复杂一些，造价也高，但使用寿命长，可靠性好一些，所以，近几年来不仅国外的挤奶机厂家采用。国内的挤奶机厂家也采用。③活塞泵。活塞式真空泵相当一个抽气筒，结构更简单，活塞式挤奶机上用的就是这种泵。

（2）真空泵的润滑方式　常用的润滑方式有虹吸式和滴油式2种。

2. 挤奶杯组

挤奶杯组共有2个或4个奶杯外壳，每个奶杯外壳都由外套和内套（奶衬）组成，奶杯奶衬都接到集乳器上。外套现由不锈钢制造。

奶衬是奶杯的内衬，是易损件，但对于挤奶机又是非常重要的零件，材质为橡胶，用于和牛乳头接触，通过脉动真空形成模拟吸允动作，完成挤奶作业。乳杯奶衬对橡胶的机械强度，曲折次数、拉伸率、永久变形、抗老化等指标都有较高的要求。

3. 集乳器

集乳器是牛奶被挤出后接触的第一个收集牛奶部件，其作用是汇集并输出4个乳杯挤出来的奶，它由上盖和下盖组成。上盖多为卫生级不锈钢制品，下盖市场上有不锈钢和塑料两种材质，而塑料以其轻便、透明、成本低的优点为各大制造商和牧场所采用。塑料又分聚碳酸酯（PC）、聚砜（PSU）、聚亚苯基砜（PPSU）3种，目前国外的集乳器下盖广泛采用聚砜（PSU），而国内目前应用最广的还是聚碳酸酯（PC）。

对集乳器的要求：

（1）有一定的容积，如80ml、120ml、180ml、240ml、320ml、400ml。

（2）有一定的重量，一套奶杯组（4个奶杯加上一个集乳器，其重量2.3～3kg为宜，太轻了会上爬，对乳头不好，太重易掉奶杯）。

（3）有停吸阀，用于切断集乳器真空，便于摘奶杯也可防止有大量真空气，从乳杯口进入真空系统影响系统真空的稳定。

（4）集乳器壳上有个小孔（直径为0.8cm）有4～10L/min的空气进入集乳器有利于集乳器中的奶流出去，这个孔不能太大，太大会使挤奶真空下降。

（5）有脉动分配器，便于脉动管的插接。

（6）便于拆装便于清洗。

4. 脉动器

脉动器是产生真空和大气的交替动作的部件，其功用将真空泵形成的固定真空变为挤奶杯所需要的可变真空，使乳杯奶衬产生有规律的开合，它被称为挤奶机的心脏。一般分为气脉动器和电子脉动器，气脉动器相对来说价格低，但稳定性不如电子脉动器，所以未来的发展趋势是电子脉动器为主。

5. 稳压罐

它相当于气泵的气罐，主要起稳压的作用（微观调压）其结构要求：

（1）要有一定的内积，最小不小于15L。

（2）防止奶和水进入真空泵，有气水（或气奶）分离的作用。

（3）下边最低处有个自动排污阀，当真空泵停止转动阀门能自动打开放出里面的污水（或奶液）。

6. 真空调节器

它的作用是能把其真空系统的真空度稳定在所需要的工作，真空度±2kPa，当系统的真空度大于这个值时，阀门的开度加大，使进入系统的空气增加从而使真空稳定不变，当系统的真空度减小时，阀门的开度减小，进入的空气量减小（起宏观调压的作用）。

真空调节器种类有动式、弹簧式、复合式和伺服式4种。

挤奶机主要元件外形见图11－1。

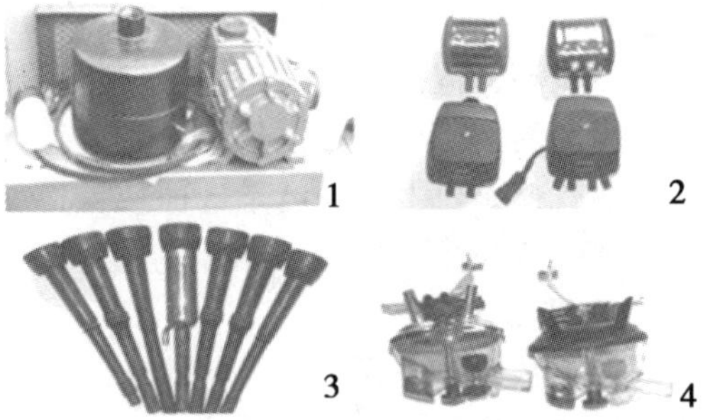

1　2　3　4

图11－1　挤奶机主要元件外形图

1－真空泵；2－脉动器；3－挤奶杯；4－集乳器

7. 排气消音器

既要减少排气所产生的噪音，又不能产生太大的排气阻力，造成无谓的消耗。

二、贮奶罐的工作原理

1. 牛奶储藏运输罐的工作原理

牛奶储藏罐的工作原理是利用内胆与外壳之间设有聚胺酯硬质泡沫保温材料的保温性能，将冷却好的牛奶放在罐内，在一定时间内保持温度稳定。

2. 牛奶制冷罐的工作原理

牛奶制冷罐工作原理是利用制冷系统内的低温低压氟利昂气体，被压缩机吸入，压缩成高温高压蒸气，进入冷凝器被风冷却为高压饱和液体，进入贮液器，经干燥过滤器，通过膨胀阀节流降温降压后，经分配进入蒸发器，在蒸发器内吸收罐内奶液的热量，蒸发为低压蒸气。蒸发后氟利昂低压蒸气再被吸入压缩机，如此进行反复循环，使罐内奶液达到冷藏保鲜所要求的温度（图 11－2）。

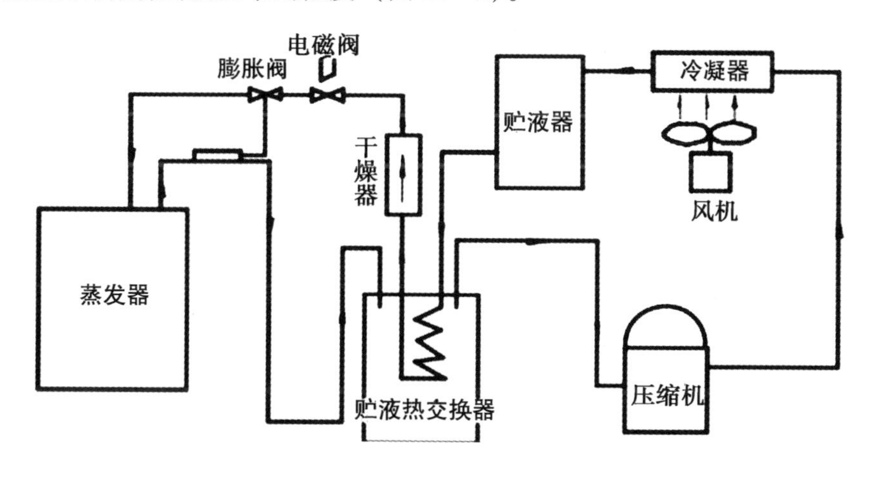

图 11－2　牛奶储藏罐工作原理示意图

三、牵引刮板式清粪机工作原理

牵引刮板式清粪机是由一个驱动电机通过链条或钢绳带动两个刮板形成一个闭合环路。工作时，电动机正转，驱动绞盘，便带动一侧牵引绳正向运动，拉动该侧刮板移动，开始清扫粪便工作，并将粪便刮进横向粪沟；则另一侧牵引绳反向运动，该侧刮板翘起后退出清粪。当刮板运行至终点，触动行程倒顺开关使电动机反转，带动牵引绳反向运动，拉动刮板进行空行程返回；同时，另一刮板也在进行反向清粪工作；到终点电动机又继续正转。如此循环往复两次就能达到预期清扫效果。

四、高压清洗机工作原理

高压清洗机工作过程，以 CQD—10 型为例（图 11－3），该机由单相电容异步电机、机座、联轴套、进水阀、柱塞泵、出水阀、管路、手喷枪等组成。工作时，电动机驱动三柱塞泵的偏心轴，使三柱塞往复运动。当柱塞后退时，出水单向阀关闭，柱塞缸内形成真空，进水单向阀打开，水通过单向阀被吸入缸内；当柱塞前进时，进水单向阀关闭，缸内水的压力增高，打开出水阀，压力水进入蓄能管路，通过单向阀门到高压胶管内（即手喷枪阀的后腔），打开手喷枪阀扳机（开关），高压水通过喷嘴射出，进行清洗工作。通过更换不同形状的喷嘴，可以获得水滴大小不一的高压水流。偏心轴每转动一周，3 个柱塞各完成一次吸、排水过程。CQD—10 型高压清洗机的工作压力为 6～7MPa，配套单相电机功率为 1.3kW，流量为 9.83L/min。

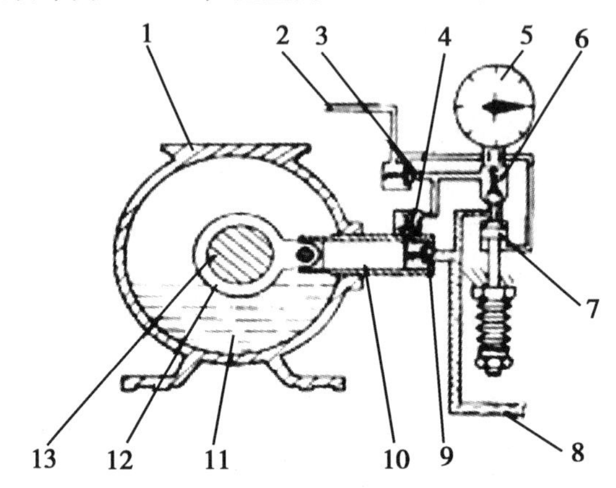

图 11－3　CQD－10 型高压清洗机工作原理图

1－偏心轴箱；2－出水管接枪阀；3－单向阀；4－出水单向阀；5－压力表；6－单向阀；7－卸荷阀；8－进水管；9－进水单向阀；10－柱塞；11－油；12－连杆；13－偏心轴

高压清洗机的进水管与盛消毒液的容器相连，还可进行畜禽舍的消毒。

五、湿帘风机降温设备工作原理

湿帘降温设备的工作原理是利用“水蒸发吸收热量”的原理，实现降温的目的。水泵将水池中的水经过上水管送至喷水管中，喷水管的许多孔口朝上的喷水小孔（孔径为 3～4mm，孔距为 75mm）把水喷向反水板，从反水板上流下的水再经过疏水湿帘（厚度约 50mm）的散开作用，使水均匀地淋湿整个降温湿帘，并在其波纹状的纤维表面形成水膜。此时安装在侧墙的轴流风机向舍外排风，使舍内形成负压区，舍外新鲜空气穿过湿帘被“吸入”舍内。当流动的空气通过湿帘的时候，湿帘表面水膜中的水会吸收空气中的热量后蒸发，带走大量的潜热，使空气降温增湿后进入舍内。从湿帘流下的水经过湿帘底部的集水槽和回水管又流回到水池中。

六、电动机的构造原理

设施养牛常用的电动机有三相异步电动机和单相异步电动机。三相异步电动机由定子、转子及支承保护部件三部分组成，如图 11－4 所示。单相比三相电机另增加了启动部分（启动线圈或电容）。

（一）三相异步电动机的构造

1. 定子部分

定子是电动机的固定部分，主要由定子铁芯、三相定子绕组、机座等组成。机座是电动机的外壳和支架，其作用是固定和保护定子铁芯、定子绕组和支承端盖，一般为铸铁铸成。为了增加散热面积，封闭型 Y 系列、小机座的外壳表面有散热筋。机座壳体内装有定子铁芯，铁芯是电动机磁路的一部分，由内圆冲有线槽的硅钢片叠压而成，用以嵌放定子绕组。三相定子绕组，是电动机的电路部分，通入三相交流电便会产生旋转磁场，中小型电动机一般用高强度漆包线绕制，三相绕组共有6个出线端，接在机座的接线盒中，每相绕组的首端和末端分别用D1、D2、D3和D4、D5、D6标记（或用A、B、C和X、Y、Z标记），防止接线错误。

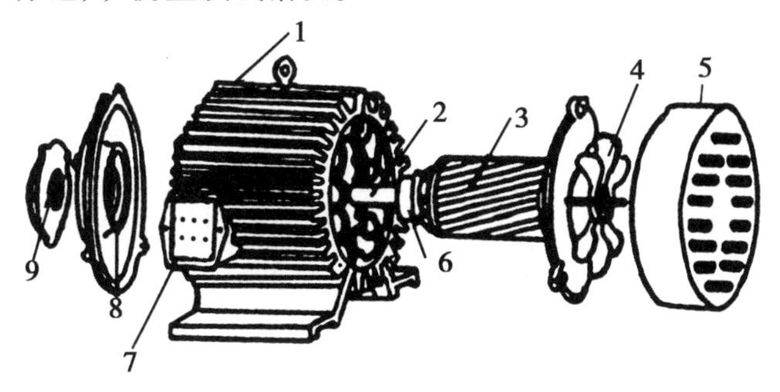

图11－4　三相异步电动机结构示意图

1－定子；2－转轴；3－转子；4－风扇；5－罩壳；6－轴承；7－接线盒；8－端盖；9－轴承盖

2. 转子部分

转子是电动机的转动部分，其功用是在定子旋转磁场的作用下，产生一个转矩而旋转，带动机械工作。三相异步电动机的转子按其型式不同分为笼型和绕线型两种。笼型三相异步电动机结构简单，用于一般机器及设备上。绕线型三相异步电动机用于电源容量不足以启动笼型电动机及要求启动电流小、启动转矩高的场合。

（1）笼型转子　由转轴、转子铁芯、转子导体和风扇等组成。笼型转子绕组与定子绕组不同，每个转子槽内只嵌放一根铜条或铝条，在铁芯两端槽口处，由两个铜或铝的端圆环分别把每个槽内的铜条或铝条连接起来，构成一个短接的导电回路。如果去掉转子铁芯只看短接的导体就像一个鼠笼，所以称为笼型转子。目前国产中小型的笼型异步电动机，大都是在转子铁芯槽中，用铝液一次浇铸成笼型转子并铸出叶片作为冷却用的风扇。转轴一般用中碳钢制成，其作用是支撑转子，传递转动力矩。转轴的伸出端安装有皮带轮，非伸出端用于安装风扇。

（2）绕线型转子　绕线式转子铁芯上绕有与定子相似的三相绕组，对称地放在转子铁芯槽中，3个绕组的末端连在一起，成星形联接。3个绕组的首端分别接到固定在转子轴上的3个铜滑环上，滑环与滑环、滑环与转轴之间都相互绝缘，再经与滑环摩擦接触的3个电刷与三相变阻器连接。

3. 支承保护部件

支承保护部件包括端盖、轴承、轴承盖、风扇、风扇罩、吊环、接线盒、铭牌等。

（二）三相异步电动机的工作原理

三相异步电动机是利用旋转磁场和电磁感应原理工作的。电流可以产生磁场，当三相异步电动机的定子绕组中通入三相交流电（相位差120°），三相定子绕组流过三相对称电流产生三相磁动势（定子旋转磁动势），并产生一个旋转磁场，该磁场以同步转速沿定子和转子内圆空间作顺时针方向旋转。

操作技能

一、桶式挤奶机常见故障诊断与排除（表 11－1）

表 11－1　桶式挤奶机常见故障诊断与排除

故障名称	故障现象	故障原因	排除方法
压力表无压力	压力表无压力	调压阀不灵敏，压力表损坏，管路连接处漏气	调节调压阀，更换压力表，密封漏气管路
真空泵不工作	真空泵不工作	油路进油量太小，电机转速过低，电机皮带过松，真空泵损坏，真空泵内油受冻黏稠	用注射器向与泵两油口连接的油管人工注油，调高电机转速或更换电机，调紧电机皮带，更换真空泵，机器推到温度较高的室内
挤奶无力	机器正常工作，但挤奶无力	脉动管有阻塞；检查奶衬有破损造成脉动气路漏气	将双脉动气管全部卸下用口向内吹气；开机后用大拇指逐一放入奶衬中，感觉衬内有风或是对手的压力不够的更换破损奶衬；脉动管阻塞后用水清理即可
电机无力	开机后机组不正常运转，电机无力	电机电容烧毁，卸下皮带后，电机正常运转，启动有力，则可能是泵轴承损坏	更换启动电容，更换泵轴承
电子脉动器不工作	电子脉动器不工作	1. 变压器损坏或线路断路 2. 脉动器密封不严密	1. 检修或更换变压器，接通线路断路处 2. 更换脉动器

二、牛奶储藏运输罐常见故障诊断与排除（表 11－2）

表 11－2　牛奶储藏运输罐常见故障诊断与排除

故障名称	故障现象	故障原因	排除方法
牛奶储藏罐窜动	罐体窜动	座体紧固螺丝松动	紧固螺丝扭紧
罐盖流奶	罐盖有奶流出	盖口橡胶密封圈接触不良或破损，罐盖锁扣损坏	调整或更换盖口橡胶密封圈，更换罐盖锁扣
奶罐清洗管路流水不畅	清洗管路流水不畅	管路堵塞	清理疏通清洗管路
奶罐阀门滴奶滴水	阀门滴奶滴水	阀门关严密或球阀磨损	关紧阀门或更换球阀

三、牛奶制冷罐常见故障诊断与排除（表 11－3）

表 11－3　牛奶制冷罐常见故障诊断与排除

故障名称	故障现象	故障原因	排除方法
牛奶制冷罐机组不运转	电脑控制器无通电显示，机组不运转	1. 电源保险丝断开 2. 电控箱中保险熔断 3. 端子接线松动 4. 三相电源缺相	1. 更换保险丝 2. 更换保险丝 3. 接紧 4. 换电源
牛奶制冷罐显示温度与实测温度温差太大	显示温度与实测温度温差太大	1. 感温头插进感温腔底部 2. 冷凝风扇有无反转	1. 插进感温腔底部 2. 调整风扇转向
牛奶制冷罐运转噪音大	运转噪音大	1. 安装地面倾斜 2. 地脚螺栓与地面接触牢固	1. 调平安装 2. 调整地脚螺栓
牛奶制冷罐制冷慢	制冷慢	1. 通风不好 2. 冷凝肋片堵塞灰尘 3. 环境温度过高 4. 设定方式不正确 5. 阳光照射到设备 6. 机组螺母接口处漏油 7. 缺少氟利昂	1. 增加通风 2. 清除灰尘 3. 降低温度 4. 重新设定 5. 遮挡阳光 6. 密封接口螺母 7. 添加氟利昂
牛奶制冷罐传感器故障	传感器故障	1. 温度传感器线头松动 2. 温度传感器连线开路	1. 接好温度传感器线 2. 接好温度传感器线
牛奶制冷罐超高（低）温故障	超高（低）温	1. 电脑控制器温度设定正确 2. 一次投乳过多或过少	1. 重设 2. 调整一次投乳量
牛奶制冷罐机组高低压超限	机组高低压超限	1. 通风受阻 2. 环境温度过高 3. 阳光照射设备	1. 增加通风 2. 降低温度 3. 遮挡阳光
牛奶制冷罐缺相	缺相	1. 电源保险丝熔断 2. 电源线断路 3. 缺相	1. 更换保险丝 2. 接通电源线 3. 调整好电源通电后，按恢复键
牛奶制冷罐相序保护故障	相序保护	相序保护	调整相序后按恢复键，机组正常工作

（续表）

故障名称	故障现象	故障原因	排除方法
牛奶制冷罐压缩机过载	压缩机过载	1. 电源电压不平衡 2. 接触器、热继电器接线松动 3. 热继电器复位键需手动复位	1. 调整电源电压 2. 接好线路 3. 手动复位
牛奶制冷罐搅拌过载	搅拌过载	1. 电源电压不平衡 2. 热继电器、交流接触器接线松动 3. 搅拌电机接线松动 4. 热继电器复位键需手动复位	1. 调整电源电压 2. 接好线路 3. 接好线路 4. 手动复位
牛奶制冷罐吸气压力过低	吸气压力过低	1. 压缩机负荷过小 2. 热力膨胀阀开启过小 3. 系统制冷剂量不足 4. 干燥过滤器阻塞 5. 热力膨胀阀或供液管路堵塞 6. 电磁阀有垃圾堵塞	1. 增加负荷 2. 调整开启度 3. 充入补足制冷剂 4. 更换干燥过滤器 5. 查明原因部位消除 6. 拆下电磁阀清洗或调换
牛奶制冷罐吸气压力过高	吸气压力过高	1. 系统内制冷剂过多 2. 热力膨胀阀开启度过大 3. 热负荷过大	1. 从系统中放出或回收 2. 调整热力膨胀阀 3. 减少热负荷
牛奶制冷罐排气压力过高	排气压力过高	1. 空气进入系统 2. 系统内制冷剂充入量过多	1. 检查排除 2. 从系统中放出或回收
牛奶制冷罐排气压力过低	排气压力过低	冷却风量过多	减少风量
牛奶制冷罐排气温度过高	排气温度过高	1. 排气压力过高 2. 吸气热度太大 3. 蒸发器供液量少	1. 降低排气压力 2. 调整热力膨胀阀 3. 增加蒸发器供液量
牛奶制冷罐吸气温度过高	吸气温度过高	1. 系统内制冷剂少 2. 热力膨胀阀开启度过小，蒸发器供液少	1. 检查后增加 2. 调整热力膨胀阀
牛奶制冷罐低压继电器过早动作	低压继电器过早动作	1. 低压继电器调整不当 2. 电磁阀损坏打不开或电磁阀电源问题	1. 重新调整 2. 修理或调换
牛奶制冷罐高压继电器过早动作	高压继电器过早动作	高压继电器调整不当	重新调整
牛奶制冷罐压缩机外壳过热	压缩机外壳过热	1. 电压过低 2. 超负荷 3. 压缩机缺油运转 4. 电机故障	1. 检查电源 2. 检查排除 3. 检查后加油 4. 检查修理

（续表）

故障名称	故障现象	故障原因	排除方法
牛奶制冷罐制冷量过低	制冷量过低	1. 制冷系统缺氟 2. 热力膨胀阀开启度小，蒸发器供液量小 3. 冷凝温度过高	1. 加氟 2. 调整热力膨胀阀 3. 检查排除
牛奶制冷罐开机时压缩机噪声大	开机时压缩机噪声大	1. 电源相序错误 2. 压缩机故障	1. 调整相序 2. 修理或更换压缩机
牛奶制冷罐电机发热	搅拌器电机发热	1. 安装不当或搅拌器水平未校正 2. 尼龙轴套磨损间隙过大	1. 重新调整、安装 2. 调整尼龙轴套
牛奶制冷罐不能自动停止	不能自动停止	1. 温度控制器失灵 2. 压力控制器调节不当 3. 交流接触器失灵	1. 测量触头接触到位 2. 重新调整 3. 调整或更换
牛奶制冷罐制冷机组频繁开机	制冷机组频繁开机	1. 感温头没有插进感温腔底部 2. 冷凝风扇有无反转 3. 温差设定太小	1. 插进感温腔底部 2. 调整风扇转向 3. 重新设定温差

四、拖拉机悬挂铲式清粪机常见故障诊断与排除（表 11－4）

表 11－4　拖拉机悬挂铲式清粪机常见故障诊断及排除

故障名称	故障现象	故障原因	排除方法
柴油机启动困难	无爆发声，排气管不冒气	1. 油路内有空气 2. 供油拉杆卡死在不供油位置或与加速踏板连接脱落 3. 输油泵滚轮弹簧折断 4. 油路堵塞 5. 柴油滤清器堵塞	1. 逐段排除油路内空气 2. 修理 3. 更换 4. 清除堵塞 5. 清洗柴油滤清器
	有连续爆发声，排气管有柴油味，冒白烟或少量黑烟	1. 气缸密封不良 2. 柴油中有水 3. 启动供油量不足 4. 喷油压力不足 5. 喷油器雾化不良 6. 供油提前角不正确	1. 修理活塞气缸组件，检修气门 2. 重新加注合格的柴油 3. 修理 4. 更换失效的配件或弹簧 5. 修理喷油器 6. 调整供油提前角
	启动电动机带不动柴油机	1. 蓄电池电压不足 2. 启动电路接触不良 3. 启动电机齿轮与飞轮齿圈啮合不良	1. 向蓄电瓶充电 2. 检修启动电路 3. 检修啮合机构
悬挂铲刀崩刃	悬挂铲刀出现缺口	1. 地面粪道中有石子等 2. 行走中碰到硬物	1. 清除地面粪道中石子等 2. 清除或避开硬物

（续表）

故障名称	故障现象	故障原因	排除方法
悬挂铲液压升降失灵	悬挂铲升降迟缓或根本不能升降	1. 液压泵传动皮带张紧度不够 2. 液压油量不足或油泵内漏油严重 3. 滤清器、控制阀堵塞 4. 油缸连接油管压伤或漏油 5. 油路中有空气	1. 调整 2. 加油或检修 3. 清堵或更换 4. 检修 5. 排除空气
	悬挂铲升起后自动下降	单向阀密封不严	检修或更换
	悬挂铲下降不稳	1. 油路中有空气 2. 溢流阀弹簧工作不稳定	1. 排除油路空气 2. 调整或更换
离合器打滑、离合器分离不彻底、制动不良、大灯不亮等故障见养猪篇中移动式喂料车的故障排除			

五、牵引刮板式清粪机常见故障诊断与排除（表 11－5）

表 11－5　牵引刮板式清粪机常见故障诊断及排除

故障名称	故障现象	故障原因	排除方法
清粪机电机不转	合上电源，电机不运转	1. 电源线路断开 2. 电压低 3. 电机损坏	1. 检查接通电源线路 2. 调整电压 3. 修理或更换电机
刮粪板卡死	刮板在运行中出现卡死	1. 粪道槽中有石子等 2. 粪道两边的坎墙破损 3. 牵引绳过松	1. 清除堵塞物 2. 修整后，重新启动 3. 调整牵引绳长度或调整张紧轮
清粪机无故停机	在运行中突然停机	若行程开关动作可能是滚筒上的钢丝绳叠加了，或是丝杠上的行程开关动作	根据现场情况倒转调整丝杠上的拨线器或行程开关限位板的位置
刮粪板跑偏，向坑道一侧倾斜	刮板向坑道一侧倾斜	1. 牵引架与刮粪板不平行 2. 牵引绳与纵向粪沟不对中 3. 纵向粪沟宽度方向不等高 4. 转角轮中牵引绳脱落	1. 调节刮粪板两侧螺母使之与牵引架平行 2. 调整纵向粪沟两端转角轮位置 3. 修复粪沟地面使之宽度方向等高 4. 停机调整转角轮
刮粪板超越横向粪沟	刮粪板超越横向粪沟	1. 初始安装尺寸不当 2. 行程开关失灵	1. 调整安装尺寸 2. 修理或更换行程开关
刮粪不净	刮粪时刮粪不净	1. 刮粪板底部橡胶条破损 2. 粪沟地面损坏、不平、有坑洼	1. 更换刮粪板底部橡胶条 2. 修复粪沟地面

六、高压清洗机常见故障诊断及排除（表 11－6）

表 11－6　高压清洗机常见故障诊断与排除

故障名称	故障现象	故障原因	排除方法
指示灯报警	指示灯持续显示红色	设备电源出现问题	拔出插头，找专业人士修理
水压不足	水枪压力低或没有压力	1. 进水过滤器堵塞 2. 供水量不足 3. 管路系统内有空气和杂物 4. 喷嘴孔堵塞或磨损 5. 泵内水封损坏	1. 清洁过滤器 2. 确保水龙头、清洗机供水阀门全开和水管无堵塞 3. 排出管路系统里的空气和杂物 4. 拆下喷嘴，清洁堵塞孔或更换喷嘴 5. 更换水封
水枪出水少或水流分散	机器正常运转时，水枪不出水或者水射流不规则、分散	1. 管路系统内有空气和杂物 2. 喷嘴孔堵塞 3. 水泵流量阀未打开或坏了	1. 拆下喷嘴，启动机器用水排出系统里的空气和杂物 2. 拆下喷嘴，清洁堵塞孔 3. 打开水泵流量阀或更换
水压不稳	压力表在最大和最小之间抖动，压力不稳定	1. 进水过滤器堵塞 2. 喷嘴孔堵塞 3. 在管路系统内的杂物或空气	1. 清洁过滤器 2. 拆下喷嘴，清洁堵塞孔 3. 拆下喷嘴，启动系统用水排出杂物和空气
运行中有异响	运行中出现尖叫声	1. 电机轴承缺油或损坏 2. 高压水泵吸入了空气 3. 流量阀弹簧损坏	1. 在电机的注油孔注入普通黄油或更换轴承 2. 排除水泵内空气 3. 更换流量阀弹簧
水泵底部滴油	高压水泵底部滴油	泵内油封损坏	及时更换
润滑油变质	曲轴箱润滑油变浑浊或乳白色	高压水泵内油封密封不严或已经损坏	更换油封和润滑油
清洗机跳动	高压管出现剧烈震动	阀工作紊乱	重新加压

七、湿帘风机降温设备常见故障诊断及排除（表11－7）

表11－7　湿帘风机降温设备常见故障诊断与排除

故障名称	故障现象	故障原因	排除方法
风机振动	风机振动	1. 扇叶运输、装卸、安装过程中，叶片变形 2. 轴承座固定螺栓松动，风机安装不稳定 3. 轴承损坏 4. 扇叶表面结垢过多且不均匀而不平衡	1. 调整扇叶，使之在同一个运动轨迹上 2. 紧固轴承座固定螺栓 3. 更换轴承 4. 清除扇叶表面杂物
百叶窗开启角度不到位	百叶窗开启角度不够	1. 皮带过松 2. 百叶窗窗叶上积尘过多 3. 进风口面积过小	1. 调整皮带松紧度 2. 清除百叶窗窗叶上积尘 3. 增大进风口面积，保证进风口面积为畜禽舍排风口面积的2倍以上
扇叶与集风器有摩擦声	扇叶与集风器剐蹭	1. 机壳变形 2. 扇叶与集风器间隙不均匀 3. 轴承损坏 4. 扇叶轴不水平	1. 调整机壳，保证机壳形状 2 调整轴承座下垫片数量 3. 更换损坏的轴承 4. 调整不同轴承座下垫片数量
通电后电机不转动	通电后电机不转动，无异响，也无异味和冒烟	1. 电源未通（至少两相未通） 2. 熔丝熔断（至少两相熔断） 3. 过流继电器设定值过小 4. 控制设备接线错误	1. 检查电源回路开关，熔丝、接线盒处是否有断点，予以修复 2. 检查熔丝型号、熔断原因，换新熔丝 3. 调节继电器设定值与电机配合 4. 改正接线
	通电后电机不转，有嗡嗡声	1. 定、转子绕组有断相或电源一相失电 2. 电源电压过低	1. 立即切断电源，查明断点予以修复 2. 测量电源电压，设法改善
电机轴承有异响	电机轴承部位有杂音	电机轴承缺油或损坏	对电机轴承进行加油或更换
电机发热	电机异常发热	受潮进水	拆开电机晾干后重新安装
皮带打滑	皮带跳动或滑下	1. 皮带磨损 2. 皮带被拉长松弛 3. 两皮带轮不在同一平面内轮槽错位	1. 更换皮带 2. 更换皮带 3. 调整皮带轮

（续表）

故障名称	故障现象	故障原因	排除方法
湿帘纸垫干湿不均	湿帘纸垫干湿不均	1. 喷水管堵塞 2. 喷水管位置不正确 3. 未安装疏水湿帘 4. 供水量不足	1. 打开末端管塞，冲洗喷水管 2. 喷水管出水孔调整为朝上 3. 检查疏水湿帘是否安装 4. 冲洗洗水池、水泵进水口、过滤器等，清除供水循环系统中的脏物；调节溢流阀门控制水量或更换较大功率水泵、较大口径供水管
湿帘纸垫水滴飞溅	水滴溅离湿帘纸垫	1. 供水量过大 2. 湿帘边缘破损或出现飞边，都会引起水滴飞溅 3. 湿帘安装倾斜 4. 喷水管中喷出的水没有喷到反射盖板上	1. 调节溢流阀门控制水量或更换较小功率水泵 2. 检查并修复湿帘破损边缘和飞边 3. 调整湿帘使之竖直 4. 喷水管出水孔调整为朝上
水槽溢水和漏水	水槽溢水	1. 检查供水量过大 2. 水槽出水口堵塞 3. 水槽不水平	1. 减小供水量 2. 清理水槽出水口杂物 3. 进行调整，保证水槽等高
	水槽接缝处漏水	1. 水槽变形导致接缝处开裂 2. 水槽密封胶老化	1. 在停止供水后，调整水槽，涂抹密封胶 2. 重新涂抹密封胶
降温效果差	降温效果不明显	1. 湿帘横向下水管道下水口向下安装 2. 湿帘横向水管道不平 3. 湿帘堵塞 4. 湿帘纸拼接处安装不紧密 5. 水循环系统不密闭，粉尘较大且夏季苍蝇较多，容易造成水源污染，进而堵塞水循环系统	1. 重新安装，使横向下水管道下水口向上安装 2. 校正横向水管道在同一轴线 3. 清洁湿帘 4. 修复湿帘纸拼接处，将其安装紧密 5. 尽量用密封管道连接，加强过滤，清除污物，清洁水源

八、喷淋降温设备常见故障诊断与排除（表 11－8）

表 11－8　喷淋降温设备常见故障诊断与排除

故障名称	故障现象	故障原因	排除方法
不喷水	喷头不喷水	1. 水箱无水或水少无压 2. 滤网、管路或喷头堵塞 3. 阀门或开关未打开 4. 温控器或定时器损坏 5. 电磁阀坏了	1. 水箱加水，提高水压 2. 清除滤网、管路或喷头的堵塞 3. 打开阀门或开关 4. 更换温控器或定时器 5. 更换电磁阀

（续表）

故障名称	故障现象	故障原因	排除方法
管路漏水	管路渗漏水	1. 管接头松动 2. 接头密封件老化或损坏 3. 阀门或开关未关严 4. 管路或接头老化	1. 增加密封胶布，重新拧紧 2. 更换密封件 3. 关紧阀门或开关 4. 更换损坏的管路或接头

九、三相异步电动机常见故障诊断与排除（表 11－9）

表 11－9　三相异步电动机常见故障诊断与排除

故障名称	故障现象	故障原因	排除方法
接通电源后电机不转或启动困难	电动机不能启动且无声	1. 保险丝断 2. 电源无电 3. 启动器掉闸	1. 更换符合要求的保险丝 2. 检查电源，接通符合要求的电源 3. 合上启动器
	电动机不能启动且有“嗡嗡”声	1. 缺一相电（电源缺一相电、保险丝或定子绕组烧断一相） 2. 定子与转子之间的空气间隙不正常，定子与转子相碰 3. 轴承损坏 4. 被带动机械卡住	1. 检查线路上熔断丝某相是否断开，若有断开应接通 2. 重新装配电机，保证同轴度达到要求 3. 更换轴承 4. 检查机械部分，空载时运转应自如，无阻滞现象
	电动机转速慢	1. 电源电压低 2. 错将三角形接线接成星形 3. 定子线圈短路 4. 转子的短路环笼条断裂或开焊 5. 电动机负荷过高 6. 配电导线太细或太长	1. 升高配电压 2. 按说明书要求正确接线 3. 检查排除定子线圈短路 4. 修复转子短路环笼条 5. 降低负荷 6. 配符合要求的导线
	电动机启动时保险丝熔断	1. 定子线圈一相反接 2. 定子线圈短路或接地 3. 轴承损坏 4. 被带动机械卡住 5. 传动皮带太紧 6. 启动时误操作	1. 正确接线 2. 检查排除定子线圈短路 3. 更换轴承 4. 检查排除被带动机械卡住物 5. 调整传动皮带的张紧度 6. 正确操作启动

（续表）

故障名称	故障现象	故障原因	排除方法
噪声大	运转时，发出刺耳“嚓嚓”声、“吆吆”声或吼声	1. 定子与转子相擦 2. 缺相运行 3. 轴承严重缺油或损坏 4. 风叶与罩壳相擦 5. 定子绕组首、末端接错 6. 紧固螺丝松动 7. 联轴器安装不正	1. 重新装配电机使之达到同轴度要求 2. 检查排除缺相 3. 轴承加油润滑或更换轴承 4. 应校正风扇叶片和重新安装罩壳 5. 检查改正绕组首、末端接线 6. 拧紧各部螺丝 7. 校正联轴器位置对中
	轴承内有响声	1. 轴承过度磨损 2. 轴承损坏	更换轴承
	电机运行时有爆炸声	1. 线圈接地（暂时的） 2. 线圈短路（暂时的）	1. 检查排除线圈接地 2. 检查排除线圈短路
	电机无负荷时定子发热和发出隆隆声响	1. 电源电压过高，电源电压与规定的不符 2. 定子绕组连接有误	1. 调整电压，使其达到额定值 2. 正确对定子绕组接线
振动大	运转时，机器会跳动	1. 紧固螺栓松动 2. 轴弯或有裂纹造成气隙不均 3. 单相运转 4. 混入杂物 5. 不平衡运转 6. 校正不好，与联轴器中心不一致等	1. 拧紧紧固螺栓 2. 校轴或换轴，重新装配电机，保证同轴度并清除杂物 3. 用电笔或万用表分别检查相断路情况，找出原因加以排除 4. 清除杂物 5. 检查清洁风扇叶片等，做好静平衡试验 6. 校正联轴器位置对中

（续表）

故障名称	故障现象	故障原因	排除方法
温度升高	运转时，电机外壳温度高但电流未超过额定值	1. 环境温度过高（超过40℃） 2. 电机冷却风道阻塞 3. 电机油泥、灰尘太多影响散热 4. 电动机风扇坏或装反 5. 缺相运行	1. 环境超过40℃停机，到温度降低后操作 2. 清除冷却风道障碍物。 3. 清除电机黏附的油泥、灰尘等 4. 查或更换风扇，正确按装风扇 5. 用电笔或万用表分别检查相断路情况，找出原因加以排除
	运转时，电机外壳温度高且电流增大	1. 过负荷或被驱动机械有故障、引起过载 2. 电源电压过高或过低 3. 三相电压不平衡相差太大 4. 定子绕组相间或匝间短路 5. 定子线圈内部连接有误（误将三角形接成星型，定子绕组电压降低3倍；或星型接成三角形，定子绕组电压升高3倍） 6. 启动过于频繁	1. 降低负荷 2. 调整电压，使其达到额定值 3. 调整三相电压平衡 4. 用双臂电桥测量各绕组电阻值，找出短路原因加以排除 5. 检查后按说明书要求接成星型或三角形 6. 不过于频繁启动或间隔一定时间再启动
	轴承过热	1. 润滑油过多或过少 2. 润滑油过脏或变质 3. 轴承损坏或搁置太久 4. 轴弯或定子与转子不同心 5. 电机端盖松动	1. 润滑油加至规定量 2. 更换符合要求的润滑油 3. 更换轴承 4. 校正转子轴和定子的同轴度 5. 拧紧端盖螺栓
转速低和功率不足	电机空负荷时运转正常，满载时转速和功率都降低	1. 电源电压太低，电源电压与规定不符 2. 定子绕组连接有误	1. 调整电压，使其达到额定值 2. 正确连接定子绕组线

第十二章　设施养牛装备技术维护

相关知识

一、机械技术维护的原则

虽然设施养牛装备种类多，其技术性能指标各异，但对总体技术状态的综合性能要求是一致的，其基本保养原则如下。

1. 技术性能指标良好

指机器各机构、系统、装置的综合性能指标，如功率、转速、油耗、温度、声音、烟色和严密性等符合使用的技术要求。

2. 各部位的调整、配合间隙正常

指农业机械各部位调整、各部的配合间隙、压力及弹力等应符合使用的技术要求。

3. 润滑周到适当

指所用润滑油料应符合规定，黏度适宜，各种机油、齿轮油的润滑油室中的油面不应过高或过低。油不变质，不稀释、不脏污。用黄油润滑的部位，黄油要干净，能畅通且注入量要适当。

4. 各部紧固要牢靠

指机器各连接部位的固定螺栓、螺母、插销等应紧固牢靠，扭紧力矩应适当，不松动，不脱落。

5. 应保证四不漏、五净、一完好

指垫片、油封、水封、导线及相对运动的精密偶件等都应该保持严密，做到不漏气、不漏油、不漏水、不漏电；机器各系统、各部位内部和外部均应干净，无尘土、油泥、杂物、堵塞等现象，做到机器净、油净、水净、气净和操作人员衣着整洁干净；机器各工作部件齐全有效，做到整机技术状态完好。

6. 随车工具齐全

指机器上必需的工具、用具和拭布棉纱等应配备齐全。

二、技术维护的保养周期和内容

机械的定期保养是在机器工作一定时间间隔之后进行的保养，是在班保养基础上进行的。高一号保养周期是它的低号保养周期的整数倍。

保养周期是指两次同号保养的时间间隔。保养周期的计量方法有两种：即工作时间法（h）和主燃油消耗量法（kg）。

用工作时间（h）作为保养周期的计量单位时，统计方便，容易执行，也是其他保养周期计量的基础。它的缺点是不能真实地反映拖拉机等机械的客观负荷程度。因为机器零部件的磨损程度不仅与工作时间有关，也同机器的负荷程度有关。例如在相同时间内，耕地引起的磨损比耙地严重得多，如以工作时间计算保养周期，在耕地时的保养就显得不够及时，而耙地时就显得过于频繁。

以主燃油消耗量作为保养周期，能够比较客观地反映机器的磨损程度和需要保养的程度。因为，负荷越大，单位时间内燃油消耗量越多，机器磨损量越多，保养次数越勤，保养的时间间隔就应越短。同时，又把机器空行和发动机空转的因素包括在内，再结合油料管理制度改进，就比较容易保证定期保养的进行。所以应提倡推广以主燃油消耗量计算保养周期。

三、判别电容好坏的方法

电容是帮助电动机启动的主要元器件。判别电容好坏的方法是：将电容的两根线头分别插入电源插座，将两根线头取出，进行接触，如出现火花，说明电容放电，可正常使用。

四、判断电动机缺相运行的方法

1. 转子左右摆动，有较大嗡嗡声。

2. 缺相的电流表无指示，其他两相电流升高。

3. 电动机转速降低，电流增大，电动机发热，升温快。此时应立即停机检修，否则易发生事故。

五、牛奶制冷罐主要部件和安装调试

（一）自动控制系统

该设备的制冷系统采用自动控制，大至可分冷冻机保护、温度、搅拌控制部分。

冷冻机是奶罐设备的心脏，为了使冷冻机组能高效、正常工作，避免事故发生。因此，对冷冻机组电器控制采取了如下保护措施。

（1）压力控制器　压力控制器是一种受压力信号控制的开关，主要用以保护压缩机。当排气压力超过调定值时，也切断压缩机电源，使其停止运转。

（2）温度控制器　根据牛奶保鲜要求，压缩机受数字显示的温度控制器控制，当压缩机启动时，电磁阀随压缩机同时动作；当被测温度达到设定下限值时，发出信号，自动切断电磁阀电源，使制冷剂停止进入蒸发器；当吸气压力低于调定值时，自动切断压缩机电源。当被测温度升到调定值时，温度控制器发出信号，自动接通电源，从而使压缩机又进入工作状态。

（二）电加热器

当压缩机内温度与环境温度平衡时，氟利昂容量混合于冷冻机油里，如不提前对冷冻机油加热而启动压缩机，冷冻机油容易随制冷剂汽化跑到蒸发器里。

（三）搅拌器

由电动机拖动，搅拌机随奶液的需要而搅拌，设有“自动”与“手动”，“自动”即鲜奶入罐冷却的全过程，在鲜奶保温期间，为避免牛奶脱脂，每小时能进行 3 ~ 5min 搅拌，由设在线路上的定时器控制。“手动”即在非常情况下作临时作用。

（四）安装调试

1. 安装前的要求

（1）在搬运过程中应小心轻放，不得向左右前后倾斜超过30°，防止损坏设备。

（2）开箱前应查看箱体有无损伤。核实箱号，开箱时注意勿碰伤设备。

（3）根据装箱清单，清点全部件数，检查设备有否损伤。

（4）设备出厂已加入制冷剂，故在运输和存放过程中不得随意打开阀门。

2. 房层位置要求

（1）设备房应宽敞、空气流通性好，周围必须有1m以上的通道，供操作人员操作、维修、保养之用。在用于机械化挤奶时要兼顾同其他设备的衔接。

（2）设备地基基础应高出地面50mm。详见安装平面图。

3. 奶罐的主要部件及安装

（1）奶罐就位后，调节撑脚螺栓，使奶罐体向放奶口端倾斜，一般以奶罐内的奶液能放净为最佳位置。6只脚均匀受力，不允许任何一只撑脚有浮动现象。左右倾斜度可用水平尺放在适当位置上，调整左右撑脚，使奶罐左右无倾斜现象。

（2）接通水冷凝器进水水管。

（3）接通电源设备必须接地。

4. 试运转

（1）清洗奶罐内壁、放奶孔、搅拌浆轴，关闭放奶阀。

（2）打开贮液筒上进出液阀，先开填料压紧螺丝，然后逆时针旋转阀芯至全开位置，旋紧填料压紧螺丝，打开截止阀、方法同上。但在全开位置上，必须向顺时针方向旋转半圈。

（3）放入35℃清洁温水500kg，启动冷冻机组，降温至4℃左右自动停机，将35℃温水加入罐内，使罐内混合温度达到7℃左右自动开机。

操作技能

一、桶式挤奶机的技术维护

1. 挤奶杯组的技术维护

（1）每月至少清洗一次奶杯奶衬，用专用清洗刷及不锈钢杯进行清洗。

（2）建议奶杯奶衬使用2 500头次后更换。

2. 脉动器的技术维护

（1）每月至少一次清洁脉动器。清洁脉动器需要打开外壳，用软毛刷、软干净布擦净脉动器内的灰尘和脏物，注意脉动器内不能用酒精、汽油等清洗。

（2）每月至少一次检测脉动器的频率。脉动器频率为（60±3）次/min，如果超出范围应给予调整。

3. 集乳器的技术维护

（1）定期检查集乳器。经长时间使用，集乳器的密封圈底座开关会老化变形导致漏气，工作不正常。变形严重更换。

（2）定期检查和清洁流奶小孔。集乳器底座挂钩处有一个小孔，其作用是挤奶时，使奶流顺畅地流入奶桶中。用户要配一根正好通过小孔的针，以防这个小孔被污垢、脏物堵塞。如果用其他直径不同的铁丝，会改变这个小孔径的大小，影响正常挤奶真空的稳定性。

4. 调压阀的技术维护

（1）定期清洁调压阀外壳上的污物，保持空气进气口的畅通。

（2）当真空度不等于0.05MPa时，要及时调整调压阀，调整完毕后要将锁紧螺丝锁紧。

5. 真空泵的技术维护（图12－1）

（1）每次开机之前必须要检查油壶内润滑油是否够量，油壶内的油量要保持在三分之二的位置上，油壶底座的油面不要超过两个铜片槽的高度。润滑油应使用真空泵专用油。

（2）每年更换一次真空泵旋片。

（3）每年更换一次油封。

（4）每年更换一次皮带。

（5）不要用水直接冲洗真空泵及电机。

（6）真空泵清洗的步骤：①先卸下真空泵上的真空罐及真空泵排气口的管道。②把汽油从真空泵的进气管灌入，用手堵住排气口，直到泵腔内灌满汽油。③用手转动皮带轮约一分钟，将油从排气口排出。再灌入汽油，重复以上的步骤，直至从泵腔内排出的油干净为止。④用手不断转动皮带轮，直至泵腔内没有汽油后，往泵腔内加入少量润滑油，将机器按原样安装好即可正常使用。

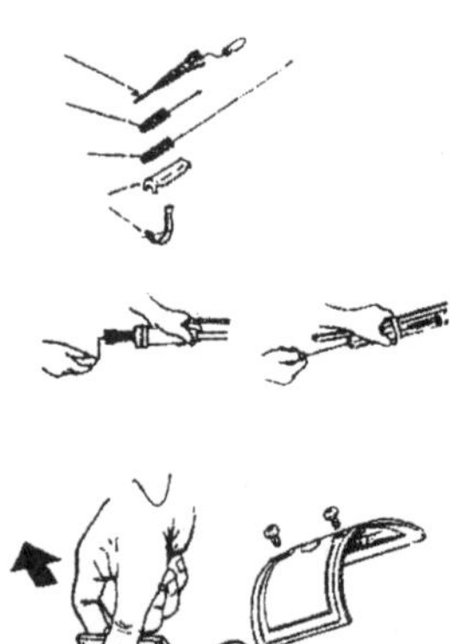

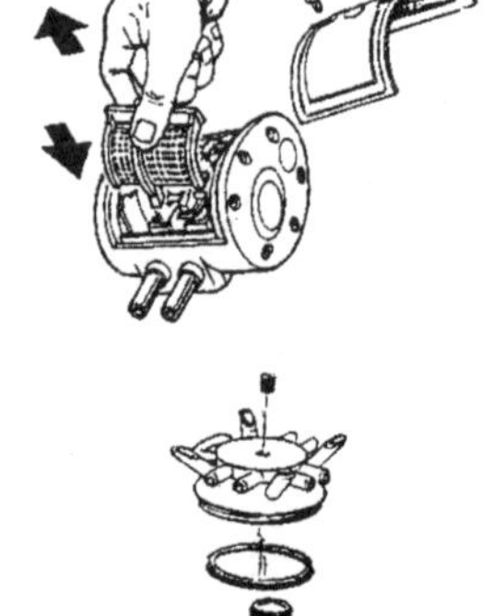

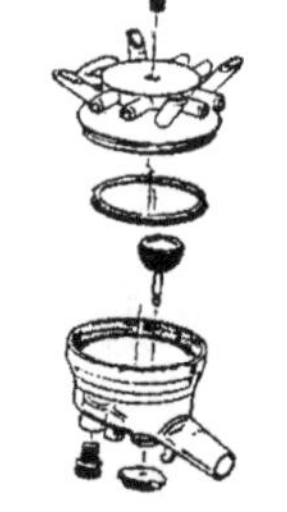

图12－1 真空泵的维护

6. 每年清洗一次消音器

真空泵吸入脏物或使用时间长消音器会堵塞，清洗时应将消音器从真空泵上卸下，将强力去油污剂灌入消音器内用力摇晃，反复几次，直到消音器内干净为止。

7. 定期清洁电动机的散热风扇及滤网

8. 每月检查一次传动皮带的松紧度

传动皮带不能太松，也不能太紧。皮带松紧度的检查：用手指向下压皮带，皮带能压低约20mm为正常。皮带的松紧度不正确，应及时调节电机座上的调节螺钉。当皮带长期运行磨损至压住皮带轮的槽底运转时，应更换皮带。

9. 所有的橡胶件应每年更换一次

奶杯奶衬的使用寿命为2 500头次，要注意及时更换。

二、贮奶罐的技术维护

1. 牛奶储藏罐的技术维护

（1）清洁奶泵、奶管和阀门。奶泵、奶管和阀门每用一次，都要用清水清洗一次；每周2次冲刷、清理奶泵、奶管、阀门的油污奶垢。

（2）储藏罐体外表必须冲洗洁净。

（3）运奶罐停用时必须存放在干燥、洁净、遮风避雨的通风的安全处。

2. 牛奶制冷罐的技术维护

（1）定期清洁制冷机组并观察油面。

（2）经常检查及检测电源电压是否正常（380V，50Hz），不符合应调整。

（3）禁止将电器部分及电控箱接触水，以免损坏。

（4）每年应清洗干燥过滤器，将干燥剂清洗、烘干或更换。

（5）检查调整高低压力控制器动作灵敏度、压力表指示位置是否有变动。

（6）检查控制罐内部元件和内壁是否有锈蚀或损坏等。损坏更换。

（7）检查温控器是否灵敏（指探头）。

（8）检查搅拌器是否漏油，油封是否完好。

（9）如果长期停用，应将系统的氟利昂抽回到贮液筒内，并关闭贮液筒进出液阀门。

（10）冬季冷冻机组停止使用时，应将列管水冷凝器中的水放尽，以免水冷凝器冻裂。

（11）罐体在停用时，严禁在罐内长期存放液体，以免使内壁焊点与焊缝产生点蚀。

（12）制冷系统应每月用卤素灯检漏一次，如发现渗漏要进一步全面检查，系统缺氟可根据以下几个方面确定：①压缩机发烫；②制冷量下降；③回汽管路不结霜和不冒汗。出现上述情况必须补加氟利昂。

（13）奶罐设备应用专人管理，经营注意制冷系统的运转情况，做好运转记录，发现有异常的情况应及时停止检修。

三、拖拉机悬挂铲式清粪机的技术维护

1. 清洁悬挂铲和拖拉机。
2. 检查发动机加注燃油、润滑油、冷却水等，不足添加。
3. 定期检查调整拖拉机的气门间隙、离合器间隙、制动间隙和轮胎气压等。
4. 定期检查紧固各部件连接螺栓。
5. 定期维护保养电气和液压系统。
6. 定期进行拖拉机的一级、二级、三级维护。

四、牵引刮板式清粪机的技术维护

1. 经常检查控制系统与安全系统的使用可靠性。
2. 经常清除刮粪板上的残余物，以延长机具的使用寿命。
3. 清洁盒内每半月应清理一次，并加入46#机械油。
4. 驱动系统的链条部分每月涂抹一次黄油（3号锂基润滑脂），各轴承处3个月加一次润滑脂，减速器一般每6个月加一次润滑油。
5. 定期检查调整传动链条或皮带的张紧度。
6. 整机系统每6个月进行一次停机维修。
7. 按保养说明书要求定期保养电动机与蜗杆减速机。

五、高压清洗机的技术维护

1. 维修和保养前必须拔掉电源插头。作业前，必须检查所有电器盒、接头、旋钮、电缆和仪器、仪表有无损坏，开关和保护装置动作灵敏可靠。

2. 过滤器要求定期清洁。清洁步骤为：释放设备内部压力，将外盖上的螺钉卸下来，将外盖打开，使用干净的水或高压空气清洁过滤器，最后将设备重新装好。

3. 定期检查皮带松紧度和所有保护装置安全可靠、无损坏。

4. 检查拖车的支承、连接和轮（胎）等，保持其完好移动。

5. 在第一次使用50h后，必须换油，之后每100h或至少1年换油一次。步骤为：将外盖上的螺钉卸下来，将外盖打开，将电机外盖上前排油塞拔下来，将旧机油排到一个合适的容器中，将油塞重新塞回去，缓慢的注入新的机油，要避免机油中混有气泡。机油量按产品说明书要求注入。

6. 每3个月对高压清洗机作一次季度检修，主要检修对象包括检查工作油的污染度和特性值是否良好，如不正常，更换新油；检查高压喷嘴有无附着物或损伤，并作检修或更换处理；清洗和更换各种过滤器；检查软管有否发生松弛或鼓起等各种隐患；检修各种阀、接头及喷枪等零部件。

7. 每年度检修一次，主要检修对象包括油冷却器的污染状况；油箱内表面的锈蚀状况；更换通气元件；高压缸内面的损伤状况；工作油的劣化程度；单向阀阀心与阀座的接触面的状态；高压水泵的活塞漏油状况；活塞杆的磨损和损伤状况等。

8. 定期维护加热装置。清除喷油嘴积碳，检修风机、油泵，清洗或更换滤芯器等。

9. 冬季存放时应放在不易结冰的场所，如不能保证，宜将清洁剂箱清空，将设备内水排空。

六、湿帘风机降温系统的技术维护

1. 保养维护设备时要断开电源，并在电源开关处挂上“检查和维修保养中”的标牌，以防止他人误开电源。

2. 若湿帘在安装后能被畜禽触及，一般用网孔不大于15mm×15mm的铁丝网隔开，并离开湿帘不少于200mm。

3. 定期清除风机内部的灰尘，特别是叶轮上的灰尘、污垢等杂质，以防止锈蚀和失衡。

4. 及时清洗、修理或更换风机百叶窗和防护网及清除蜘蛛网。

5. 每周检查一次皮带松紧度及磨损情况。

6. 轴承每月注射黄油一次。

7. 在水箱（或水池）上加盖密封，保持水源清洁，水的酸碱度pH值在6~9，电导率小于1 000μΩ。加盖既可防止脏物丢入，还可避免阳光直射，减少藻类孳生。

8. 每周清洗水箱（水池）及循环系统一次，每周检查一次管路有无渗漏和破损。

9. 每两周清洗一次网式过滤器，清洗后，拧紧过滤器顶盖，防止漏水，发现损坏应及时修复。

10. 定期清理湿帘表面。湿帘安装时是一块一块拼接而成的，必要时可从框架内取下来清理。

湿帘表面积尘清洗的办法：最好用大量的清水冲洗，但要用常压水流而不能用高压水枪，否则会冲坏湿帘；也可用喷雾器将洗涤剂喷洒在湿帘表面，浸泡片刻，然后用常压水流冲洗，这样容易将污垢冲掉。但要注意选择的洗涤剂产品，尤其是不使用含有氯的洗涤剂。

湿帘表面水垢和藻类物清理方法：在彻底晾干湿帘后，用软毛刷上下轻刷，避免横刷（可先刷一部分，检验一下该湿帘是否经得起刷），然后只启动供水系统用常压水流冲洗。

11. 日常维护后必须检查上水阀门和电源是否复原。

12. 若风机长期不用应封存在干燥环境下，严防电机绝缘受损。在易锈金属部件上涂以防锈油脂，防止生锈。

13. 湿帘长时间不使用时，应用塑料膜或帆布整体覆盖外侧，防止树叶、灰尘等杂物进入湿帘纸空隙内，同时利于舍内保温；可加装防鼠网或在湿帘下部喷洒灭鼠药防止鼠害。

14. 风机首次使用时、电机故障排除后、入库保存重新安装后必须进行点动试运转，保证扇叶旋转方向应与标示箭头方向一致，如有反转情况交换任意两根线位进行调整。正反转调整好后重新开启风机观察运行有无异常，任何的异响、噪音过大，震动都是风机存在问题。

15. 水泵停止使用后，要放尽水泵和管路内的剩水，并清洗干净；对底阀、弯管等铸铁件应当用钢丝刷把铁锈刷净，涂上防锈漆后再涂油漆，待干燥后再放入干燥的机房或贮存室通风保存；若用皮带传动的，皮带卸下后用温水清洗擦干后挂在干燥且没有阳光直接照射的地方；检查或更换滚珠轴承，对不需要更换的可用汽油或煤油将轴承清洗干净，涂上黄油，重新装好；螺钉螺栓用刷洗干净后涂上机油或黄油，以免锈蚀或丢失。

第四部分　设施养牛装备操作工——高级技能

第十三章　设施养牛装备作业准备

相关知识

一、管道与计量式挤奶机作业准备

1. 检查前必须了解该设备的性能及安全注意事项。

2. 准备好相应成分、浓度的清洗消毒剂和毛巾或一次性纸巾等。

3. 运送和使用清洗消毒剂时，必须带橡胶手套、防护镜、围裙和橡胶长靴。碱性和酸性药剂分装并有标记，挤奶机清洗中用到的酸性清洗剂、碱性清洗剂及消毒剂必须单独分开使用，绝对不能混合使用，否则会发生爆炸等剧烈化学反应。

4. 挤奶机清洗和奶牛乳头消毒时，清洗消毒剂不可直接与人的皮肤接触，特别注意不应入眼内及口内，如有以上现象发生，应立即用清水冲洗，严重者应送医院治疗。

5. 设备所使用的电源电压应符合设备的要求，电源应有可靠的接地保护线及漏电开关等保护设施。供电电缆应该采用空挂式防火橡胶电缆。

6. 检查真空泵皮带轮防护罩。

7. 检查真空泵的技术状态和真空泵与电机的旋转方向。

8. 检查真空管道系统的密封性和真空度。

9. 打开过滤器旁的排污阀直到水全部排完，打开过滤器安装过滤纸。检查挤奶系统的技术状态。

10. 检查脉动系统的技术状态。

11. 检查计量系统的技术状态。

12. 打开接收罐旁的碟阀，关闭清洗进气，进水以及清洗奶水分离器的开关。检查牛奶接收系统的技术状态。

13. 将输奶管道连接到奶冷藏奶罐。

14. 关闭所有集乳器开关和排奶泵处的放水阀门。

15. 检查之前必须切断总电源。

二、转盘式挤奶机作业准备

1. 作业准备的内容参见管道与计量式挤奶机。

2. 检查转盘装置的技术状态。

3. 从清洁位置处断开牛奶输送管路，并且转动跨越到大容量牛奶罐中。

4. 排干过滤器并装配新的牛奶过滤器软护套或衬套。

5. 从平台中断开清洗管道。堵塞清洗管道的端部。

6. 从挤奶杯组喷洗装置中拆下挤奶杯组。从离入口/出口区域最近的挤奶杯组开始。解锁并关闭每个挤奶爪上的截止阀以确保真空增加（下推此阀用于挤奶，但不要锁住）。将挤奶杯组悬挂在所提供的特殊的挤奶爪支架上。

7. 检查隔栏门是否关闭。

8. 检查排净真空稳压罐内积水及其他杂质。

9. 确保变频器及真空指示表显示正常。

10. 准备6~8名操作人员。

三、螺旋挤压式固液分离设备作业准备

1. 儿童和无关人员远离该设备和与设备相关的地点，他们可能会将手或身体的其他部位伸进传动带/传送装置中去。

2. 准备好固液粪污及其输送设备。

3. 检查皮带轮与传动轴之间的连接。

4. 检查控制箱的电源和接地线等安全防护措施。

5. 检查控制箱的安装位置和控制箱与电机相连接的电缆截面积。

6. 检查螺旋挤压式固液分离设备的技术状态。

四、螺旋式深槽发酵干燥设备作业准备

1. 参见螺旋挤压式固液分离设备作业准备的相关内容。

2. 清除物料中的砖块、石块等杂物。

3. 准备用于调节的水分、秸秆等辅料。

4. 检查固定轨道的地脚螺栓；清除轨道上杂物。

5. 检查行走大车上轨道滑轮。

6. 检查翻料螺旋磨损情况和叶片表面粪污黏结情况。

7. 检查压力表和液压系统技术状态。

五、牛粪便堆肥发酵应具备的基本条件

1. 碳氮比（C/N）

微生物在新陈代谢获得能量和合成细胞的过程中，需要消耗一定量的碳和氮，一般认为堆肥C/N比为25~35最佳，而鸡粪为7.9~10.7，因此，在堆肥前应掺入一定量的锯末、碎稻草、秸秆等辅料，同时起到降低水分和使粪便疏松利于通气的作用。锯末碳氮比为500左右，稻草为50左右，麦秸为60左右。

2. 含水率

牛粪堆肥发酵最合适的含水率为50%~60%。当含水率低于30%时，微生物分解过程就会受到抑制，当含水率高于70%以下时，通气性差，好氧微生物的活动会受到抑制，厌氧微生物的活动加强，产生臭气。下表为按感官判断粪便含水率的示意图。

表　用经验感官判断粪便含水率

含水率	80%	50%	30%
示意图			
特征	太黏、粘手	可以捏成团，松手不散	太松散、捏不成团

3. 温度

堆肥最高温度75℃左右，一般保持在55～65℃，可通过调整通风量来控制温度。

4. 通风供氧

微生物的活动与氧含量密切相关，供氧量的多少影响堆肥速度和质量。堆肥中常用斗式装载机、发酵槽的搅拌机构等设备翻动来实现通风供氧，也可通过鼓风机实行强制通风。

5. 接种剂

接种剂又名畜禽粪便发酵腐熟剂，其功能是加快粪便发酵速度，快速除臭、腐熟，把粪便变成高效、环保的有机肥。

六、粪便发酵腐熟度的判定方法

畜禽粪经过充分发酵腐熟后，由粪便（生粪）转变为有机肥（熟粪），感官判定方法为：

1. 外观蓬松。发酵后物料颗粒变细变小，均匀，呈现疏松的团粒结构，手感松软，不再有黏性。
2. 无恶臭，略带肥沃土壤的泥腥味和发酵香味。
3. 不再吸引蚊蝇。
4. 颜色变黑，产品最终成为暗棕色或深褐色。
5. 温度自然降低。由于适合真菌的生长，堆肥中出现白色或灰白色菌丝。
6. 水分降到30%以下，堆肥体积减少1/3～1/2。

七、畜禽消毒剂选购和使用注意事项

1. 理想消毒药应具备的条件

（1）杀菌效果好，低浓度时就能杀死微生物，作用迅速，对人畜副作用小。

（2）性质稳定、无异味、易溶于水。

（3）对金属、木材、塑料制品等没有腐蚀作用。

（4）无易燃性和爆炸性。

2. 选购和使用消毒剂注意事项

（1）选择消毒剂应根据畜禽的年龄、体质状况以及季节和传染病流行特点等因素，针对污染畜禽舍的病原微生物的抵抗力、消毒对象特点，尽量选择高效低毒、使用简便、质量可靠、价格便宜、容易保存的消毒剂。

（2）选用消毒剂时应针对消毒对象，有的放矢，正确选择。一般病毒对碱、甲醛较敏感，而对酚类抵抗力强，大多数消毒剂对细菌有很好的杀灭作用，但对形成芽孢的杆菌和病毒作用却很小，而且病原体对不同的消毒剂的敏感性不同。

（3）选用消毒剂要注意外包装上的生产日期和保质期，必须在有效期内使用。要求保存在阴凉、干燥、避光的环境下，否则会造成消毒剂的吸潮、分解、失效。

（4）使用前应仔细阅读说明书，根据不同对象和目的，严格按照使用说明书规定的最佳浓度配制消毒液，一般情况下，浓度越大，消毒效果越好。

（5）实际使用时，尽量不要把不同种类的消毒剂混在一起使用，防止相颉颃的两种成分发生反应，削弱甚至失去消毒作用。

（6）消毒药液应现配现用，最好一次性将所需的消毒液全部兑好，并尽可能在短时间内 1 次用完。若配好的药液放置时间过长，会导致药液浓度降低或失效。

（7）不同病原体对不同消毒剂敏感程度不一样，对杀灭病原体所需时间也不同，一般消毒时间越长，消毒效果越好。喷洒消毒剂后，一般要求至少保持 20min 以上才可冲洗。

（8）消毒效果与用水温度相关。在一定范围内，消毒药的杀菌力与温度成正比，温度增高，杀菌效果增加，消毒液温度每提高 10℃，杀菌能力约增加一倍，但是最高不能超过 45℃。因此夏季消毒效果要比冬季要强。一般夏季用凉水，冬季用温水，水温一般控制在 30～45℃。熏蒸等消毒方式，对湿度也有要求，一般要求相对湿度保持在 65%～75%。

（9）免疫前、后 1 天和当天（共 3 天）不喷洒消毒剂，前、后 2～3 天和当天（共 5～7 天）不得饮用含消毒剂的水，否则会影响免疫效果。

（10）应经常更换不同的消毒剂，切忌长期使用单一消毒剂，以免产生抗药性。最好每月轮换一次。

（11）消毒器械使用完毕后要用清水进行清洗，以防消毒液对其造成腐蚀。

（12）消毒后剩余的消毒液以及清洗消毒器械的水要专门进行处理，不可随意泼洒污染环境。

八、防疫消毒作业准备

1. 操作者穿戴好防护用品，进入养殖区时必须淋浴消毒、更换工作服、戴口罩。

2. 提前打扫养殖舍等环境，清洁设备，要求地面、墙壁、设备干净、卫生、无死角。

3. 喷雾消毒前应提前关闭养殖舍门窗，减少空气流动，提高养殖舍内的温度和湿度。

4. 根据畜禽的对象、年龄、体质状况以及季节和传染病流行等污染源的特点等因素，选择消毒剂和消毒机械。

5. 按照使用说明书要求在容器内规范配制好药液，不要在喷雾器内配制药液。

6. 配制可湿（溶）性粉剂消毒剂。

（1）根据给定条件配置浓度和药液量，正确计算可湿性粉剂用量和清水用量。

（2）配制消毒液。首先将计算出的清水量的一半倒入药液箱中，再用专用容器将可湿性粉剂加少量清水，用搅拌棒调成糊状，然后加一定清水稀释、搅拌并倒入药液箱中。最后将剩余的清水分 2 ~3 次冲洗量器和配药专用容器，并将冲洗水全部加入药液箱中，用搅拌棒搅拌均匀。盖好药液箱盖，清点工具，整理好现场。

7. 配制液态消毒剂。本项配制的步骤与上述步骤 6 基本相同，其不同之处在于配制母液。先用量杯量取所需消毒剂量，倒入配药桶中。再加入少许水，配制成母液，用木棒搅拌均匀，倒入药液箱中。

8. 检查消毒机械的技术状态并清洗机械。

9. 检查供水系统是否有水，舍内地面排水沟、排水口是否畅通。

10. 检查供电系统电压是否正常、线路绝缘及连接是否良好、保护开关灵敏有效。

11. 检查畜禽舍内其他电器设备的开关是否断开，防止漏电事故发生。

操作技能

一、管道与计量式挤奶机作业前技术状态检查

1. 检查机电共性技术状态是否良好。

2. 检查电源电压是否符合设备的要求，电源是否有可靠的接地保护线及漏电开关等保护设施。供电电缆是否采用空挂式防火橡胶电缆。

3. 检查真空泵的技术状态是否完好。

（1）检查真空泵油箱内油位，如没有或不足应及时补加专用齿轮油。

（2）检查三相电源的真空泵和电机的旋转方向是否和箭头所示方向一致。

4. 检查真空泵皮带轮防护罩是否完好有效。

5. 检查真空管道是否密封、管道内的真空度是否符合要求。真空泵启动前应将所有开关关上，启动后观察真空表的指针，是否指示在合适的工作真空度 48 ~50kPa，若达不到这个真空度，检查有无漏气处。若无漏气出或者消除漏气后仍然达不到真空度要求，可调节真空调节器调整到正确的真空度。

6. 检查挤奶系统的技术状态是否良好。

7. 检查脉动系统的技术状态是否良好。

8. 检查计量系统的技术状态是否良好。

9. 检查牛奶接收系统的技术状态是否良好。

10. 检查自动脱杯系统的技术状态是否良好。

二、转盘式挤奶机作业前技术状态检查

1. 检查的内容和方法参见管道与计量式挤奶机。

2. 检查转盘装置的技术状态是否良好。

三、螺旋挤压式固液分离设备作业前技术状态检查

1. 检查机电共性技术状态是否良好。

2. 检查机身是否处在水平状态。

3. 检查筛网是否平整。

4. 检查上、下段机身框架是否连接可靠。

5. 检查电源电压是否正常，电路线是否连接好，控制箱接地线是否可靠。

6. 检查控制箱与电机连接的电缆截面积是否能承受其工作电流，以保证电机能够正常使用。

7. 检查皮带轮与传动轴的轮是否处于同一平面。

8. 检查轴承等运动部件是否加注润滑油。

9. 检查管路连接是否良好，有无渗漏。

四、螺旋式深槽发酵干燥设备的技术状态检查

1. 参照牵引式刮板清粪机作业前技术状态检查进行检查。

2. 检查压力表状态，确认液压系统技术状态是否正常。

3. 检查固定轨道的地脚螺栓是否牢固可靠；清除轨道上杂物。

4. 检查发酵设备在轨道运行是否平稳，有无噪音，大车移动轮与轨道有无剐蹭、碰撞痕迹。

5. 检查电源线在滑轨上有无脱落现象。

6. 检查翻料螺旋磨损情况和叶片表面粪污黏结情况。

7. 检查纵向行走大车上轨道滑轮是否良好。

8. 检查发酵槽内粪便厚度是否均匀；检查长度方向上不同位置粪便腐熟程度。

9. 准备用于调节的水分、秸秆等辅料。

10. 根据发酵进程，准备移行机。

11. 在执行允许的操作之前，观察周围是否有人和物。

12. 检查物料中有无砖块、石块等影响设备使用的杂物。

13. 检查出料端粪便腐熟度情况。粪便发酵不完全就达不到无害化处理的要求，不仅会直接影响作物种子发芽，甚至会烧苗。

五、背负式手动喷雾器作业前技术状态检查

1. 检查喷雾器的各部件安装是否牢固。

2. 检查各部位的橡胶垫圈是否完好。新皮碗在使用前应在机油或动物油（忌用植物油）中浸泡24h以上。

3. 检查开关、接头、喷头等连接处是否拧紧，运转是否灵活。

4. 检查配件连接是否正确。

5. 加清水试喷。

6. 检查药箱、管路等密封性，不漏水漏气。

7. 检查喷洒装置的密封和雾化等性能是否技术状态良好。

六、背负式机动弥雾喷粉机作业前技术状态检查

1. 按手动背负式喷雾机技术状态内容进行检查。

2. 检查汽油机汽油量、润滑油量、开关等技术状态是否良好。

3. 检查风机叶片是否变形、损坏，旋转时有无摩擦声。

4. 检查轴承是否损坏，旋转时有无异响。

5. 检查合格后加清水，启动汽油机进行试喷和调整。

七、常温烟雾机作业前技术状态检查

1. 按前述检查机电及线路等共性技术状态。
2. 按检查背负机动式喷雾器技术状态内容进行检查。
3. 检查空气压缩机的性能是否完好。
4. 检查三角支架的性能是否完好。

第十四章　设施养牛装备作业实施

相关知识

一、管道与计量式挤奶机组成和特点

管道式挤奶机主要由真空系统、脉动系统、挤奶系统、自动脱落系统、牛奶接收系统、清洗系统。真空系统包括真空泵（真空泵是挤奶系统的驱动力）、真空稳压器、真空管道。脉动系统包括电子脉动器、气脉动器、脉动真空管。挤奶系统包括集乳器、奶杯组。自动脱落系统主要是自动脱落气缸。牛奶接收系统包括牛奶接收罐、奶水分离器、奶泵、牛奶过滤器。清洗系统包括清洗水槽、清洗座。管道式挤奶机一般应用于拴系式牛舍，大小牛群都适用。优点是挤出的奶直接进入奶罐，不存在二次污染，并且保持牛奶新鲜度；奶农不易掺假；奶牛列队进入奶站，秩序井然；一个挤奶员可以操作几台挤奶杯组，劳动效率高。

计量式挤奶机是在管道式挤奶机的基础上增加了计量装置，安装在连接奶杯与输奶管道的长奶管上（图 14－1），可以精确监控每一头牛的挤奶量，有利于奶站和牧场对奶牛的产奶量有效监控和分群管理的使用。无论是计量瓶式、分流计量式还是电子计量式都属于这种型式，目前国内的挤奶机械主要是这种型式，挤奶机的其他部分与管道式挤奶机均一致。

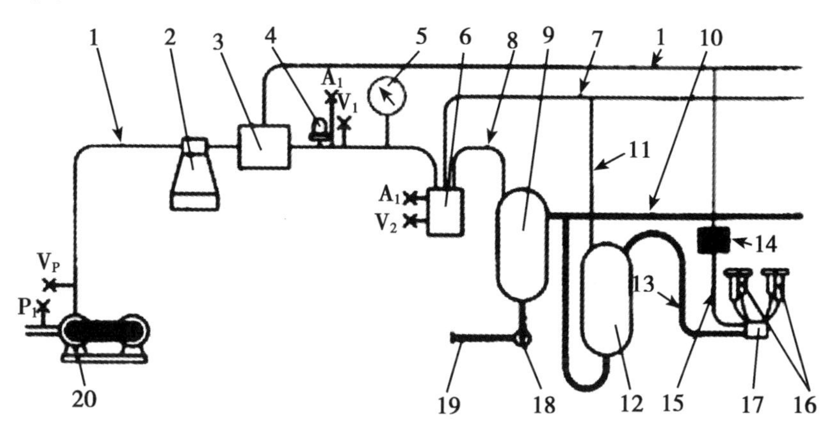

图 14－1　计量式挤奶机示意图

1－主真空管道；2－隔离罐；3－稳压罐；4－调节器；5－真空表；6－气液分离器；7－挤奶真空管道；8－过桥；9－集乳罐；10－输奶管道；11－挤奶真空管；12－计量瓶；13－长奶管；14－脉动器；15－长脉动管；16－奶杯；17－集乳器；18－排奶泵；19－排奶管道；20－真空泵

二、转盘式挤奶机组成和特点

转盘式挤奶机是厅式挤奶机的一种，将挤奶杯组等布置为圆形，并固定于转盘平台上，整机随转盘平台可以旋转。该机主要由转盘平台台面、隔栏（畜栏）、驱动装置、平台控制器滚轮支座、侧滚轮支座、平台裙缘、尾部围栏、旋转座架（旋转联接器）、设施构架、奶牛固位（可选）饲槽（可选）、入口/出口装置、挤奶系统、真空系统、清洗系统组成（图 14－2）。是集电气系统、液压系统、真空系统、机械系统于一体的综合性牧场挤奶设备。具有工艺先进、性能稳定、经久耐用、运营成本低等特点，很好实现了连续化作业。转盘式挤奶机有很高的挤奶能力，一般适合 150 头以上的牛群，挤奶能力取决于转盘平台的设计、奶牛进入转盘的方式以及每小时转盘的圈数，主要适用于奶牛存栏量比较多的大型牧场使用。

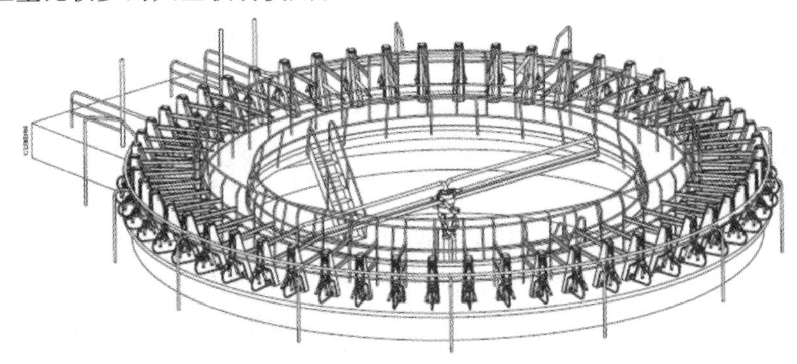

图 14－2　转盘式挤奶机示意图

三、挤奶机操作规程

1. 挤奶设备应有专人操作，以保证设备的正常使用、维修和安全。
2. 旋片式油润滑真空泵储油壶添加足够润滑油，根据季节不同，选用润滑油。水环式真空泵，循环水箱添加足够清水、水循环管路畅通。
3. 将冷藏奶罐上方的输奶管路连接为清洗方式（循环连续）。
4. 关闭奶泵处的放水阀门。
5. 把奶杯组安放在清洗支架上。
6. 把连通计量瓶真空管道上的三通开关连结在计量瓶通真空的位置，主收集管与清洗管之间的两通开关处于关闭位置。
7. 安全器上的手动阀门处于关闭位置，安全器内不得有液体。
8. 将清洗槽内放满清水，排水管通至排水沟。
9. 检查挤奶设备其他部件是否完好无损。

四、液态粪污处理设备种类及组成

液态粪污常用的处理设备有固液分离设备、生物处理塘、氧化沟和沼气池等。

（一）固液分离设备种类和组成

该设备进行固液分离是利用两种工作原理：一是利用比重不同进行分离，如沉淀和离心分离；二是利用颗粒尺寸进行分离，如各种振动筛滤式、螺旋挤压式和离心回转式等组合式固液分离设备。

1. 离心分离机

粪污中的水和粪便的密度不同，经过离心分离机的旋转，将产生不同的离心力而分开。分离后粪便的含水率为67% ~70%。离心分离机种类较多，图14 -3所示的是一种典型的卧式螺旋离心分离机。在外罩内设外转筒和内转筒。内转筒上（进料管的外转筒部位）有孔，转筒内设喂入管，被分离的液粪可从喂入管喂入并通过内转筒的孔进入外转筒。内转筒外有螺旋叶片和外转筒内壁相配合。内转筒和外转筒沿同一方向转动，但内转筒转速比外转筒转速低1.5% ~2%。液粪进入外转筒后，在离心力作用下被甩向外转筒内壁。固体颗粒密度较大而沉积在外转筒内壁，并被螺旋推向图中右端的锥形端排出，而液体部分则被进入的液粪挤向图中的左端排出。液粪的通过量愈小，固态部分的含水率也愈小，表明脱水效果愈好。

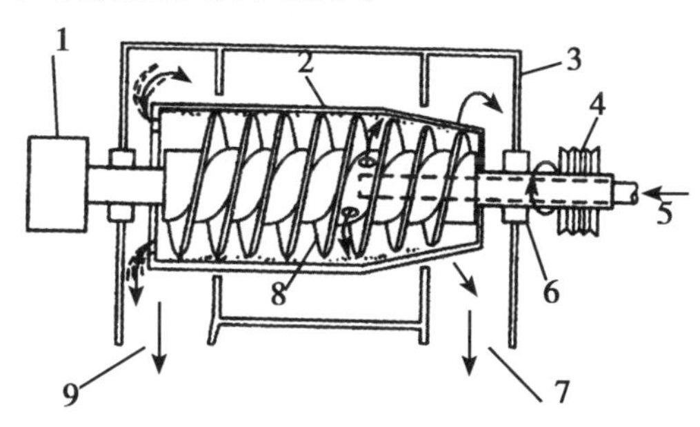

图14 -3　卧式螺旋离心分离机结构示意图

1 -差速齿轮箱；2 -外转筒；3 -外壳；4 -主驱动轮；5 -进料管；
6 -轴承；7 -固体排出口；8 -螺旋叶片；9 -液体排出口

2. 螺旋挤压式固液分离设备

螺旋挤压固液分离设备由分离筛、螺旋挤压机、控制箱、泵和管道、输送带、液位开关、气动蝶阀、平衡槽等组成。它能将畜禽原粪水分离为液态有机肥和固态有机肥。液态有机肥可直接用于农作物利用吸收，固态有机肥可运到缺肥地区使用，亦可起到改良土壤结构的作用，同时经过发酵可制成有机复合肥或晾晒后可用作牛卧床垫。其特点是：体积小，安装维修方便，操作简单，脱水效果好，工作稳定可靠，动力消耗低，费用省，自动化水平高，日处理量大，效率高，全封闭，环保卫生，可适合连续作业；其关键部件选用不锈钢材料制成，不易腐蚀。

（1）分离筛（筛网）　筛网是整套设备里面最主要也是起关键作用的部件。其主要作用是把固体和液体进行分离。筛网在每次使用完毕之后，都要采用自动化洗清装置或高压清洗枪进行冲洗，防止细微颗粒物把筛网的空隙堵塞了。

（2）螺旋挤压机　该机将经过筛分后的污粪进行挤压，进一步达到固液分离的目的，确保粪的干燥度。挤压后的沼渣含水率小于40%。该机由弹簧式排放门、排水管、料斗、滚动式挤压四大部分构成。

（3）控制箱　控制箱控制整个旋转挤压部分，所有受控电路、气路都是由控制箱来完成，在控制箱里可以完成高、低压的相互转换，还可以实现各种程序的自动化控制。

（4）泵和管道　完整的固液分离系统应配带泵与主机相连的输送管，其安装如图14－4所示。将输送管分别套在泵（A出口）输送口和分离机上料口（A进口），并用紧固卡紧固。然后再将排污管连接在分离液排放口（B出口），另一头放到粪池中。分离液排放口在分离机下面（C出口）。

固液分离配套泵的安装位置也要依据泵的压力来计算合适的距离。距离太大会导致粪水混合物输送不到筛网的顶部，而导致设备无法正常运行；如果距离太近会导致管路的压力过大而裂开。要定期的对泵进行维护和保养。

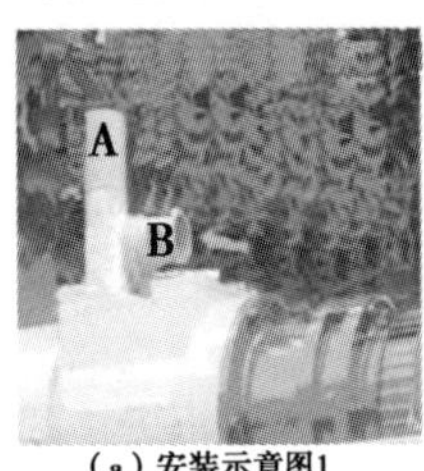

（a）安装示意图1

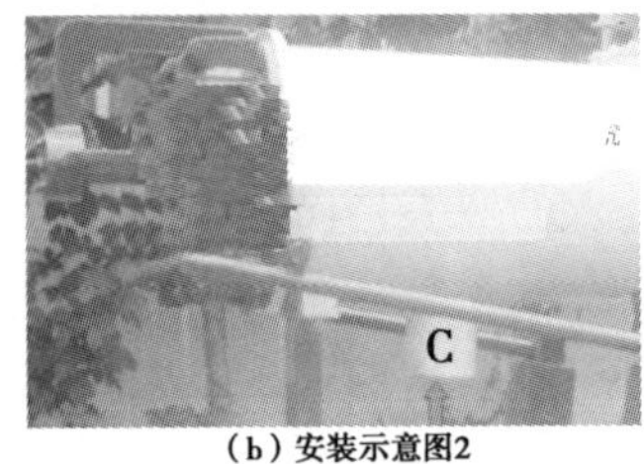

（b）安装示意图2

C口为分离后液体排出口，将排污管道链接此口。另一头链接沼气池或沉淀池，运行后分理处液体由此排出

图14－4　固液分离系统管道安装示意图

（5）输送带　输送带的作用是把前面两级固液分离的粪渣输送到远处，增大粪渣的储存空间，提高固液分离系统的利用率，其安装倾角为30°。

（6）配套工艺设施

①集粪池。其主要功能是收集粪污水，调节水量，保证后续固液分离机的稳定运行。集粪池内安装有搅拌机和切割泵，搅拌机主要是将粪便和污水搅拌调节均匀后，以保证泵输送的顺畅和固液分离机的正常运行。

图14－5　机电液位仪

②机电液位仪（图14－5）。根据集粪池高、中、低液位，使切割泵随池内液位高度实现自动开启或停止，并继而实现固液分离机的自动运行和关闭。

③潜水搅拌机（图14－6）。该设备主要用于对粪污混合液进行混合、搅拌和环流，为切割泵和固液分离机创造良好的运行环境，提高泵送能力，有效阻止粪污中悬浮物在池底的沉积，避免对管路造成阻塞，从而提高整个系统的处理能力和工作效率。搅拌机整体采用铸铁材料，叶轮和提升系统为不锈钢材质，耐腐蚀性强，适合用在杂质含量较高的畜牧场粪污前期处理中。

④切割泵（图14－7）。PTS系列潜水切割泵配有先进的多流道叶轮，使切割泵能

图 14－6　潜水搅拌机

把集粪池中的粪渣、稻草、浮渣、塑料制品以及纤维状物体切碎并顺利抽出，无须人工去清理池中的浮渣和悬浮物，有效降低了管路堵塞的几率，避免了常规处理中定期清池、清理管路的麻烦，节省了人工管理的费用，同时也为固液分离机创造了一个稳定的工作环境。切割泵采用自耦式安装系统，安装、拆卸方便，在不必排空池水的情况下，即可实现设备的安装、检修。

图 14－7　切割泵

该设备的特点是：肥料分离效果好，工作稳定可靠，关键部件选用不锈钢材料制成，操作简单，维修方便，费用省，效率高，干物料自动排出，可自动化控制或连续作业。适合于畜禽养殖场粪便等物料的脱水再利用。

（二）生物处理塘

生物处理塘简称生物塘，是一种利用天然或人工整修的池塘进行液态粪生物处理的构筑物。在塘中，液态粪的有机污染物质通过较长时间的逗留，被塘内生长的微生物氧化分解和稳定化，故生物塘又称氧化塘或稳定塘。

（三）氧化沟

氧化沟主要用于猪舍，往往直接建在猪舍的地面下，如图 14－8 所示。液粪先通过条状筛，以防大杂物进入，然后进入氧化沟。氧化沟是一个长的环形沟，沟内装有绕水平轴旋转的滚筒，滚筒浸入液面 7～10cm，滚筒旋转时叶板不断打击液面，使空气充入粪液内。由于滚筒的拨动，液态粪以 0.3m/s 的速度沿环形沟流动，使固体悬浮，加速了好氧型细菌的分解作用。氧化沟处理后的液态物排入沉淀池，沉淀池的上层清液可排出，或在必要时经氯化消毒后排出。沉淀的污泥由泵打入干燥场，或部分泵回氧化沟，以有助于氧化沟内有机物的分解。一般情况下，氧化沟内的污泥每年清除 2 ~4 次。氧化沟处理后的混合液体也可放入贮粪池，以便在合适的时间洒入农田。

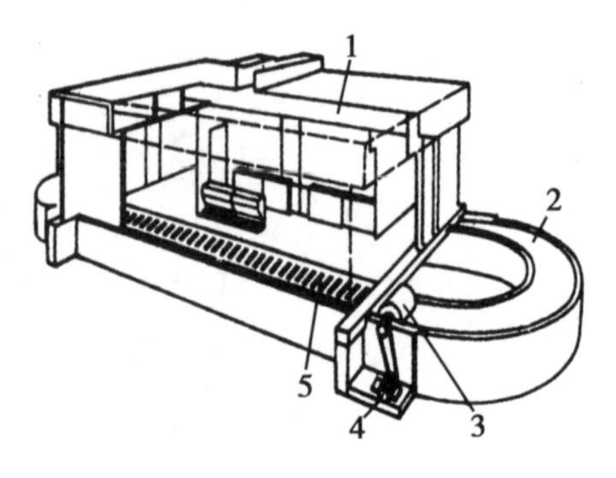

图 14 –8　氧化沟结构示意图

1 –猪舍；2 –氧化沟；3 –滚筒；4 –电机；5 –缝隙地板

五、固态粪便的处理

牛场固态粪便处理，一般是将牛粪晒干（或烘干）后做垫床料和进行好氧堆肥发酵处理。常用的粪便好氧发酵设备有塔式发酵干燥、旋耕式浅槽发酵干燥和螺旋式深槽发酵干燥设备（见图 14 –9）等，都属于好氧发酵，尤以采用深槽发酵形式居多。

图 14 –9　发酵塔（左）和螺旋式深槽发酵干燥设备（右）

（一）塔式发酵

其主要工艺流程是把牛粪与锯末等辅料混合，再接入生物菌剂，由提升机将其倒入塔体顶部，同时塔体自动翻动通气，通过翻板翻动使物料逐层下移，利用生物生长加速畜禽粪发酵、脱臭，经过一个发酵循环过程后（处理周期 5 ~7 天），从塔体出来的就基本是产品。发酵塔进料水分为 55% ~60%，发酵塔出料水分为 15% ~35%（根据生产控制）。这种模式具有占地面积小，污染小，自动化程度高，从有机物料搅拌接种、进料、铺料、翻料到干燥，出料全部自动运作，并能连续进料、连续出料．工厂化程度高的优点。但它现在存在的问题是：①目前工艺流程运行不畅，造成人工成本大增。②设备的腐蚀问题较严重，制约了它的进一步发展。

（二）发酵槽发酵

浅槽发酵干燥和深槽发酵干燥设备均由 3 部分构成，即发酵设备、发酵槽和大棚（温室）。发酵设备放置于发酵槽上，温室（大棚）将二者包容。发酵设备的功能是翻动物料，为好氧发酵提供充足的氧气，并使物料从发酵槽的进料端向出料端移动；发酵槽的功能是贮存物料；大棚（温室）的功能是保温和利用太阳能为物料加温，还可以做临时储存用，一是雨水季节，避免了粪水漫流成河，二是农民施肥具有一定的周期性，粪便卖不出去时临时储存。下面以螺旋式深槽发酵干燥设备为例。

1. 螺旋式深槽发酵设备的组成

螺旋式深槽发酵干燥设备主要由纵向行走大车、横向移动小车、翻料螺旋、主电缆、液压系统、电控柜组成（图 14－10）。多槽使用时，配有转槽装置（也称转运车）。

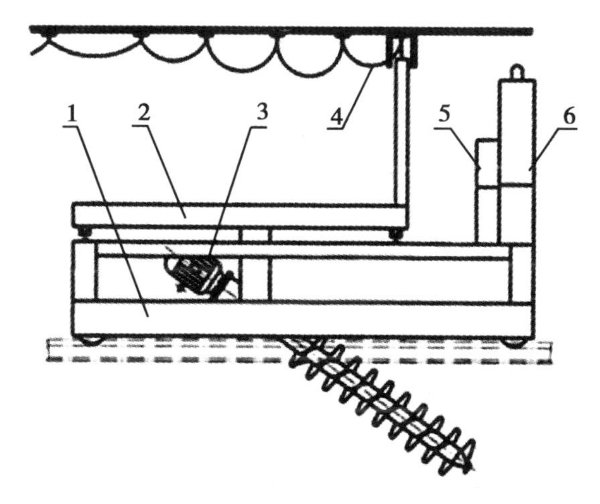

图 14－10　螺旋式深槽发酵干燥设备结构示意图

1－纵向行走大车；2－横向移动小车；3－翻料螺旋；4－主电缆；5－液压系统；6－电控柜

该设备是利用塑料大棚中形成的温室效应，充分利用太阳能来对粪便进行干燥处理。一般大棚长度 60～90m，宽度根据发酵槽数量确定，发酵槽宽 6m 左右，两侧为混凝土矮墙，高 70cm 左右，上装有导轨，在导轨上装有移动车和搅拌装置，含水率 70% 左右的粪便从大棚一端卸入槽内，搅拌装置沿导轨在大棚内呈横向和纵向反复行走，翻动、推送粪便，当粪便被推到大棚另一端时，含水率已降至 30% 左右，整个发酵处理过程 30 天左右。利用微生物发酵技术，将畜禽粪便经过多重发酵，使其完全腐熟，并彻底杀死有害病菌，使粪便成为无臭、完全腐熟的活性有机肥，从而实现畜禽粪便的资源化、无害化、无机化；同时解决了畜牧场因粪便所产生的环境污染。

2. 螺旋式深槽发酵设备的特点

螺旋式深槽发酵干燥设备可实现物料的混合、翻搅和出料的全自动操作，替代相关工序的人工操作，改善工作条件，减轻劳动强度。主要特点为：①发酵料层深达 1.5～1.6m，处理量大；②物料含水率调节至 50%～60%，发酵最高温度可达 70℃ 左右；③发酵干燥周期 30～40 天，产品含水率为 25%～30%；④发酵彻底，产品达到无害化要求，无明显臭味；⑤设备自动化程度高，可实现全程智能操作；⑥设备使用寿命长，易损件少，更换方便；⑦节省能源，生产成本低；⑧单槽日处理 10～15m^3，可多槽共用一台设备；⑨利用加温设施，不受天气影响，实现一年四季连续生产。

3. 面板操作按钮和开关（图 14－11）

（1）总电源开关。位于机箱（面对操作面板）右侧，当该开关处“合”的位置，强电系统通电。当该开关处“分”的位置时，强电系统断电。处于手动工作模式时，遇紧急情况可直接将总电源扳到“分”的位置，使系统断电即可。

（2）紧急停止按钮。该按钮位于机箱（面对操作面板）左侧，具有机械自锁功能，当系统发生故障或出现紧急情况时，将该按钮按下，系统操作全部停止。当故障排除或紧急情况解除，操作者需按箭头标识的方向旋至尽头，使该按钮释放，方可继续执行指定的操作。

该紧急停止按钮仅对自动、定时，半自动前进、后退起作用。手动时，该按钮无效。

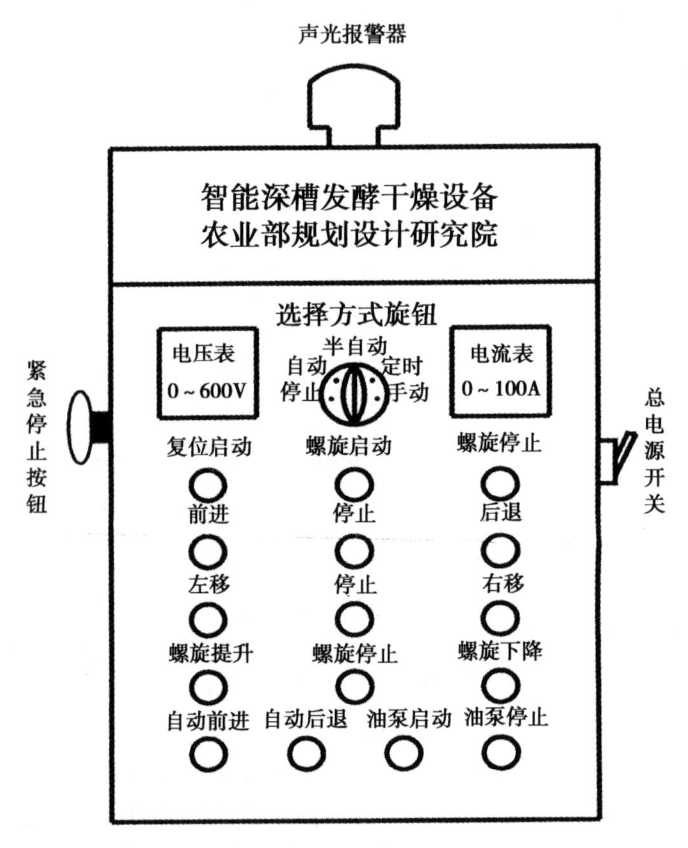

图 14－11　深槽发酵干燥设备控制面板

（3）复位按钮。严格说应称为复位/启动按钮，具有初始化逻辑控制模块的作用，控制系统要求每完成一种工作模式的操作后，若重复或更换成其他模块应先给予一次复位。

（4）旋钮开关。用于 5 种工作模式的选择、定义。对此开关操作前，应先使复位按钮有效。

（5）涉及自动工作模式下的按钮。一是复位按钮。二是紧急停止按钮。

（6）涉及手动模式下的按钮。一是油泵启动、油泵停止按钮；按油泵启动按钮，油泵启动；按油泵停止按钮，整个系统停止。二是翻料螺旋启动、停止按钮；按翻料螺旋启动按钮，翻料螺旋电机启动；按翻料螺旋停止按钮，翻料螺旋电机停止。三是横向移动小车左移、停止、右移按钮；左移按钮有效时，横向移动小车持续左移；右移按钮有效时，横向移动小车持续右移。按停止按钮，横向移动小车停止移动。四是纵向行走大车前进、停止、后退按钮；大车前进按钮有效时，纵向行走大车持续前进；大车后退按钮有效时，纵向行走大车持续后退；按停止按钮，纵向行走大车停止前进或后退。五是翻料螺旋提升、下降、停止按钮，翻料螺旋提升按钮有效时，翻料螺旋持续上升；翻料螺旋下降按钮有效时，翻料螺旋持续下降；按翻料螺旋停止按钮，翻料螺旋停止上升或下降。六是总电源开关；当总电源开关处于“合”的位置，设备通电；处于“分”的位置，设备失电，所有操作均无效。由于总电源开关为空气开关，所以当系统因故障导致电流过大时，总电源开关具有自动断电的功能。

4. 注意事项

（1）按钮有效，则按钮灯亮；按钮无效，则按钮灯熄灭。

（2）当人工操作或自动操作达到限位时，均会自动停止，仅反方向的操作才能响应，脱离限位。

六、牛场消毒

（一）牛场消毒程序

1. 新建牛场消毒程序

（1）清扫。首先对牛舍内存在的建筑垃圾和墙体、天花板上的灰尘进行清扫干净，并将垃圾运出场区进行处理。

（2）清洗。清扫过后，对地面、舍内设备进行冲洗。

（3）熏蒸消毒。对封闭式牛舍冲洗干净后，关闭门窗，用甲醛气体进行熏蒸消毒或用其他高效消毒剂进行喷洒消毒。24h 后打开门窗进行通风，以排出消毒剂的气味，也可采用风机进行强制排风。空舍 5 ~7 天后再进牛。进牛之前要用清水冲洗地面和食槽等设备，以免残留的消毒剂对牛造成伤害。

（4）对于开放和半开放式牛舍不能进行熏蒸消毒，可用火焰消毒器进行扫烧消毒。

2. 健康牛场消毒程序

（1）牛舍消毒　每天应将牛舍中的粪便清理出去。夏季每 2 ~3 天、春秋季每 5 ~7 天、冬季每 7 ~10 天对牛舍进行 1 次消毒，消毒应在牛离开牛舍到运动场并清除粪便后按下列程序进行：

①用 3% ~5% 浓度的氢氧化钠溶液喷洒地面（包括牛床）、墙壁和天花板。②清扫地面（包括牛床）、墙壁和天花板，并将扫除的垃圾清运出去。③用喷雾器或喷雾机喷洒消毒液。在消毒时注意不要选用对牛有刺激或可能造成伤害的消毒剂；奶牛场的牛舍消毒时还应注意不要使用有气味的消毒剂，以免影响乳品品质。④在牛回舍之前用清水冲洗地面，以免氢氧化钠等对牛蹄等造成伤害。

每半年用石灰乳粉刷牛舍墙壁和天花板 1 次。

（2）食槽和饮水槽消毒　牛舍中的食槽、饮水槽和其他饲养管理用具要坚持专舍专用，不得串用，每天清洗，保持干净卫生。夏季每 3 ~5 天、其他季节 7 ~10 天用 2% ~5% 浓度的高锰酸钾消毒液对其进行 1 次消毒。消毒后在牛使用前要用清水冲洗干净。

每季度按下列程序对食槽和饮水槽进行 1 次彻底消毒：清除剩余的饲料和剩水→5% 浓度热氢氧化钠溶液冲洗→火焰消毒器扫烧→清水冲洗。

（3）牛体表消毒。其目的是清除牛的体外寄生虫和蜱、虻。体表消毒通常在蜱、虻等活动猖獗的季节进行，消毒次数要针对体外寄生虫侵袭的情况决定。牛体表消毒的消毒剂和用法见下表。

表　牛体表消毒的消毒剂和用法

寄生虫名	消毒剂（药物）名称、用量和用法	备　注
蠕形螨	14%碘酊涂擦皮肤，如有感染则同时注射抗生素	同时在牛舍中对螨进行诱杀
蜱	0.5%～1.0%浓度敌百虫或氰戊菊酯、溴戊菊酯喷洒	

（4）奶牛乳房的保健消毒　除保持牛床和乳房的清洁外，每次挤奶前必须用1%浓度的漂白粉溶液或0.1%浓度的高锰酸钾溶液清洗乳房，然后用干净的毛巾擦干。挤奶完毕后，每个乳头必须用3%～4%浓度的次氯酸钠等消毒液浸泡数秒钟。

（5）运动场消毒　每天应定时将运动场上的牛粪进行清理，并运至专门地点进行无害化处理。夏季每3～5天、其他季节每5～7天在清理完牛粪后，对运动场进行1次消毒。

（6）车辆和场区环境等消毒　车辆每天要清洗消毒，场区环境夏季每5～7天、春秋季每7～10天、冬季每10～15天进行1次消毒。

（二）养牛场消毒注意事项

1. 要按消毒程序消毒

养牛场的消毒不可随心所欲，应当按一定程序进行。操作人员应先进行消毒。选择对人、牛和环境安全、无残留毒性，对设备没有破坏性和在牛体内不产生有害积累的消毒剂。要针对不同的消毒对象采用不同的消毒剂并采取不同的消毒方法，如：牛舍、牛场道路、车辆可用次氯酸盐、新洁尔灭等消毒液进行喷雾消毒；用热碱水（70～75℃）清洗挤奶机器管道

2. 掌握好饮水消毒剂量

饮水消毒就是把饮水中的微生物杀灭。在饮水消毒时，如果消毒剂的量或对饮水量估计不准，可能会使水中的消毒药物浓度加大，若长期饮用，除能引起急性中毒外，还可能杀灭或抑制奶牛肠道内的正常菌群，消化出现紊乱，对奶牛的健康造成危害。

3. 生石灰不能消毒

生石灰是氧化钙，它本身没有消毒作用，而只有加入相当于生石灰重量80%～100%的水时，生成熟石灰，离解出氢氧根离子后才有杀菌作用。熟石灰是一种消毒力好、无污染、无特殊气味、廉价易得、使用方便的消毒药。有的牛场在消毒池中放置厚厚的干石灰面，让人踩车碾，这样起不到消毒作用；有的直接将干生石灰面撒在道路和运动场，致使石灰粉尘飞扬，被奶牛吸入呼吸道，人为地诱发呼吸道炎症。有的用放置时间过久的熟石灰作消毒用，也起不到消毒效果，由于熟石灰已经吸收了空气中的二氧化碳，变成碳酸钙，没有了氢氧根离子，完全丧失了消毒杀菌作用。使用石灰最好的消毒方法是配制成10%～20%的石灰乳，用于涂刷牛舍墙壁，既可灭菌消毒，又可起到美化环境的作用。在消毒池内要经常补充水，添加生石灰。

4. 消毒前必须清除牛舍、运动场内牛粪、饲料残渣等有机物

这些有机物中存有大量细菌，同时，消毒药物与有机物的蛋白质有不同程度的亲和力，可结合成为不溶于水的化合物，消毒药物被大量的有机物所消耗，妨碍药物作用的发挥，大大降低了药物对病原微生物的杀灭作用，需要消耗大剂量的消毒药物。因此，彻底地机械性清除牛场内有机物是高效消毒的前提。

5. 挤奶时做到一牛一消毒

挤奶前进行牛体刷拭、乳房冲洗消毒、乳头药浴；挤奶器奶杯进行一牛一消毒，避免交叉感染。

（三）牛场消毒设备的种类及组成

牛场常用的消毒设备种类较多，按动力可分为手动、机动和电动三大类。按药液喷出原理分为压力式、风送式和离心式喷雾机等。按喷洒雾滴直径的大小分：喷洒雾滴直径大于150μm的机械称喷雾机，雾滴直径在50~150μm的称为弥雾机，把雾滴直径在1~50μm的称为烟雾机或喷烟机。牛场常用的消毒设备有紫外线消毒灯、火焰消毒器、背负手压式、背负机动式、电动式喷雾机等。

1. 紫外线消毒灯

该灯是利用紫外线的杀菌作用进行杀菌消毒的灯具。是一种用能透过全部紫外线波段的石英玻璃作灯管的低压水银灯，灯管内充以水银和氩气。紫外线消毒灯的组成部分和接线方法与日光灯相同，只是灯管内壁不涂荧光粉。

电流通过灯丝时加热至850~950℃，水银受热后形成蒸气，灯丝发射电子，电子在电场作用下获得加速而冲击水银原子，使其发生电离并向外辐射波长为253.7nm的紫外线。该波段紫外线的杀菌能力最强，可用于对水、空气、人员及衣物等的消毒灭菌。常用的规格有15W、20W、30W和40W，电压220V。一般安装在进场大门口的人员消毒室，生产区的消毒更衣室中等。被紫外线消毒灯照射5min左右即可将衣服上所携带的细菌和病毒等杀死，照射30min左右就可以将空气中的细菌杀死。

在使用紫外线消毒灯时应注意：

（1）使用时须先通电3~10min，等发光稳定后方可应用。

（2）不可使紫外线照射到眼睛上，以免造成伤害。

（3）装卸灯管时，避免用手直接接触灯管表面，以防石英被玷污而影响其透过紫外线能力。

（4）应经常用蘸酒精的纱布或脱脂棉等擦拭灯管，以保持其表面洁净透明。

2. 火焰消毒器

火焰消毒器是一种利用燃料燃烧产生的高温火焰对畜禽舍及设备进行扫烧，杀灭各种细菌病毒的消毒设备。若先进行化学消毒，再用火焰消毒器扫烧，灭菌效率可达97%以上。消毒后设备和表面干燥。常用的火焰消毒器有燃油式和燃气式两种。

燃油式火焰消毒器由贮油罐、加压提手、供油管路、阀门、喷嘴和燃烧器等组成（图14-12），以雾化的煤油作为燃料。工作时，反复按动提手向贮油罐打气，贮油罐充足气后打开阀门，贮油罐中的煤油经过油管从喷嘴中以雾状形式喷出，点燃喷嘴，通过燃烧器喷出火焰即可用于消毒。注意：燃料为煤油或柴油，严禁使用汽油或其他轻质易燃、易爆燃料。

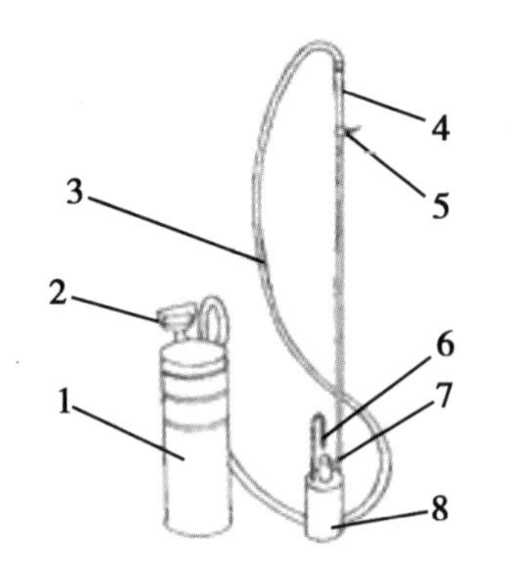

图 14－12 燃油式火焰消毒器结构示意图

1－贮油罐；2－提手；3－油管；4－手柄；5－阀门；6－喷嘴；7－内筒；8－燃烧器

燃气式火焰消毒器由管接头、供气管路、开关、点火孔、喷气嘴和燃烧器等组成（图 14－13），以液化天然气或其他可燃气体作为燃料。工作时，将管接头接在液化气罐或沼气的阀门上，用明火对准点火孔，然后打开开关，即可通过燃烧器喷出火焰。用燃气式火焰消毒对环境的污染较轻。

使用注意事项：

（1）在使用前要撤除消毒场所的所有易燃易爆物，以免引起火灾。

（2）先用明火对准点火孔，然后才能打开开关，否则有可能发生燃气爆炸。

（3）未冷却的盘管、燃烧器等要避免撞击和挤压，以防因发生永久性变形而使其性能变坏。

3. 背负式手动喷雾器

背负式手动喷雾器是利用压力能量雾化并喷送药

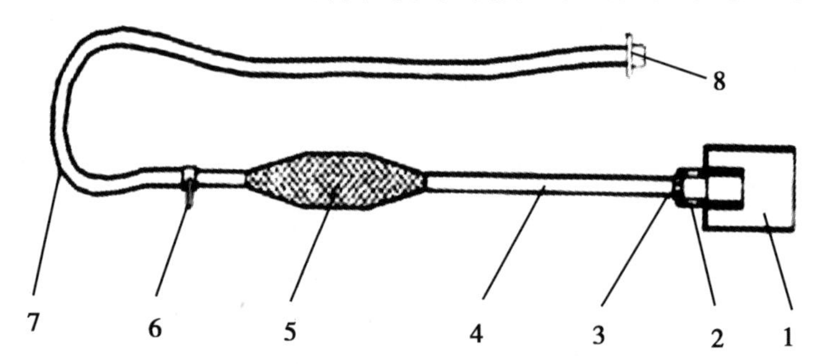

图 14－13 燃气式火焰消毒器结构示意图

1－燃烧器；2－点火孔；3－喷气嘴；4－金属供气管；5－手柄；6－开关；7－橡胶供气管；8－管接头

液。该机一般由药液箱、压力泵（液泵或气泵）、空气室、调压安全阀、压力表、喷头、喷枪等喷洒部件组成。压力泵直接对药液加压的为液泵式，压力泵将空气压入药箱的为气泵式。以应用较多的工农－16 型手动背负式喷雾机为例，如图 14－14 所示，该机是液泵式喷雾机，其结构主要由药液箱、活塞泵、空气室、胶管、喷杆、开关、喷头等组成。工作时，操作人员用背带将喷雾器背在身后，一手上下揿动摇杆，通过连杆机构作用，使活塞杆在泵筒内作往复运动，当活塞杆上行时，带动活塞皮碗由下向上运动，由皮碗和泵筒所组成的腔体容积不断增大，形成局部真空。这时，药液箱内的药液在液面和腔体内的压力差作用下，冲开进水球阀，沿着进水管路进泵筒，完成吸水过程。反之，皮碗下行时，泵筒内的药液开始被挤压，致使药液压力骤然增高，进水阀关闭、出水阀打开，药液通过出水阀进入空气室。空气室里的空气被压缩，对药液产生压力（可达 800MPa），空气室具有稳定压力的作用。另一手持喷杆，打开开关后，药液即在空气室空气压力作用下从喷头的喷孔中以细小雾滴喷出，对物体进行消毒。背负式手动喷雾器 1h 可喷洒 300～400m^2。该机优点是价格低、维修方便、配件价格低。缺点是效率低、劳动强度大；药液有跑、冒、漏、滴现象，操作人员身上容易被药液弄湿；维修率高。

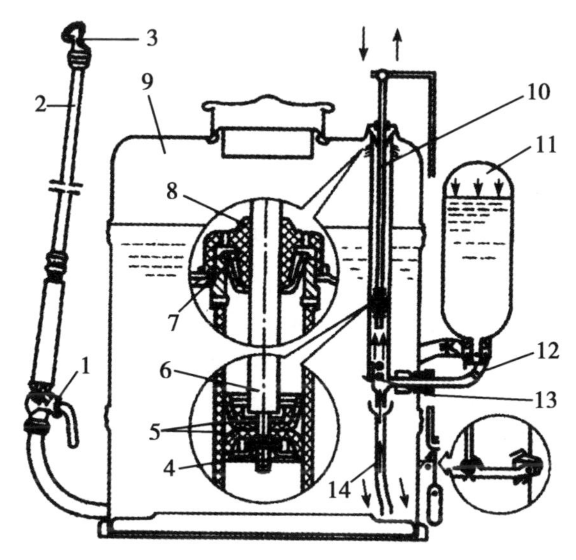

图 14－14 背负手动式喷雾机

1－开关；2－喷杆；3－喷头；4－固定螺母；5－皮碗；6－活塞杆；7－毡圈；8－泵盖；9－药液箱；10－泵筒；11－空气室；12－出液阀；13－进液阀；14－吸液管

4. 背负机动式弥雾喷粉机

该机是一种带有小动力机的高效能喷雾消毒机械。它有两种类型，一种是利用风机产生的调整气流的冲击作用将药液雾化，并由气流将雾滴运载到达目标，多用于小型喷雾机上。另一种是靠压力能将药液雾化，再由气流将雾滴运载到达目标，用于大型喷雾机上。现以应用较多的东方红－18 型背负式机动弥雾喷粉机为例。

该机由汽油发动机、离心式风机、弥雾喷粉部件、机架、药箱等组成。其风机为高压离心式风机，并采用了气压输液、气力喷雾（气力将雾滴雾化成直径为 100～150μm 的细滴）和气流输粉（高速气流使药粉形成直径为 6～10μm 的粉粒）的方法将药液或粉喷洒（撒）到物体上（图 14－15）。它具有结构紧凑、操作灵活、适应性广、价格低、效率高和作业质量好等优点。可以进行喷雾、超低量喷雾、喷粉等作业。

5. 机动超低量喷雾机

在机动弥雾机上卸下通用式喷头换装上超低量喷雾喷头（齿盘组件），就成为超低量喷雾机。他喷洒的是不加稀释的油剂药液。工作时，汽油机带动风机产生的高速气流，经喷管流到喷头后遇到分流锥，从喷口以环状喷出，喷出的高速气流驱动叶轮，使齿盘组件高速旋转，同时将药液由药箱经输液管进入空心轴，并从空心轴上的孔流出，进入前、后齿盘之间的缝隙，于是药液就在高速旋转的齿盘离心力作用下，沿齿盘外圆抛出，与空气撞击，破碎成细小的雾滴，这些小雾滴又被喷中内喷出的气流吹向远处，借自然风力漂移并靠自重沉降到物体表面。

6. 电动喷雾机

电动喷雾器由贮液桶、滤网、联接头、抽吸器（小型电动泵）、连接管、喷管、喷

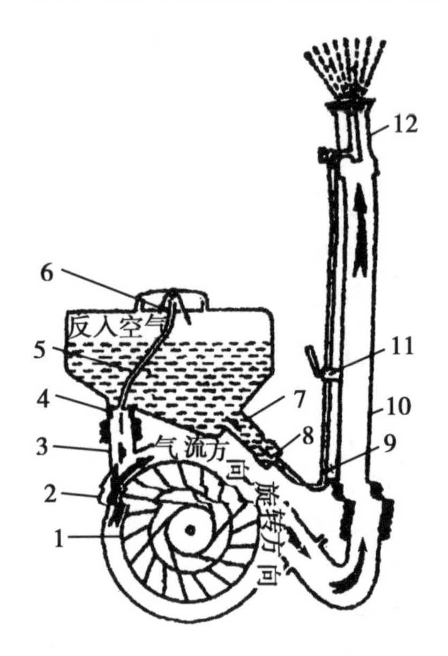

图 14－15　背负式机动弥雾喷粉机工作原理示意图

1－叶轮组装；2－风机壳；3－出风筒；4－进气塞；5－进气管；6－过滤网组合；7－粉门体；8－出水塞；9－输液管；10－喷管；11－开关；12－喷头

头等组成。电动泵及开关与电池盒连接。工作时，电力驱动电动泵往复运动给药液施压使其雾化。其优点是电动泵压力比手动活塞压力大，增大了喷洒距离和范围，且效率高（可达普通手摇喷雾器的3～4倍）、劳动强度低、使用方便、雾化效果好，省时、省力、省药。缺点：电瓶的容电量决定了喷雾器连续作业时间的长短，品牌多型号各异。如3WD－4型电动喷雾机的主要技术参数为：220V/50Hz交流电，喷雾量0～220mL/min（可调），雾粒平均直径40～70μm，喷雾射程5m，药箱容量4L。还有一种手推车式电动喷雾机，电动喷雾机安装在手推车的支架上。作业时，机头可以上下、左右转动。

7. 常温烟雾机

常温烟雾机是在常温下利用压缩空气（或高速气流）使药液雾化成5～10μm雾滴，对畜禽舍进行消毒的喷雾设备。以3YC－50型常温烟雾机为例。

3YC－50型常温烟雾机由空气压缩机、喷雾和支架三大系统组成（图14－16）。空气压缩机系统包括车架、电源线、空气压缩机、电机、电器控制柜、气路系统和罩壳组成。空气压缩机系统作业时位于畜禽舍外，其作用是控制喷雾消毒过程和为喷雾提供气源和轴流风机电源。喷雾系统由气液雾化喷头、气液雾化系统、喷筒及导流消声系统、药箱、搅拌器、轴流风机和小电机组成。支架系统为三角形的升降机构，喷口离地高度可在0.9～1.3m范围内调节。

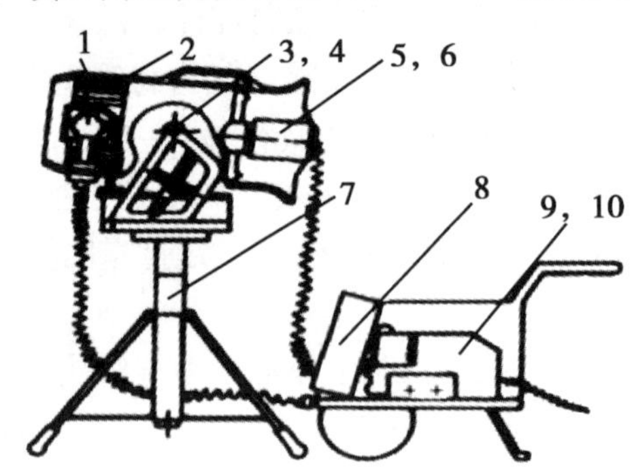

图 14－16　3YC－50型常温烟雾机示意图

1－喷头及雾化系统；2－喷筒及导流消声系统；3－支架系统；4－药箱系统；5－轴流风机；6－小电机；7－升降架；8－电器控制柜；9－大电机；10－空气压缩机

3YC－50型常温烟雾机的主要技术参数为：喷气压力0.18～0.20MPa，喷气量0.04～0.045m^2/min，喷雾量50mL/min，大、小电机采用功率分别为1.5kW和0.15kW的220V单相电机。

（四）病死牛的处理原则和方法

1. 处理原则

（1）对因烈性传染病而死的牛必须进行焚化处理。

（2）对因一般传染病但用常规消毒方法容易杀灭病原微生物、其他疾病和伤而死的牛可用深埋法和高温分解法进行处理。

（3）在处理病死牛的同时将其排泄物和各种废弃物等一并处理，以免造成环境污染和疫病流行。

病死牛处理设备和设施必须设置在生产区的下风向，并离生产区有足够的卫生防疫安全的距离。

2. 处理方法

病死牛处理方法主要有深埋处理、腐尸坑、高温分解处理、焚化处理4种。

（1）深埋处理　深埋处理是传统的病死牛处理方法。具体做法见操作技能。其优点是不需要专门的设备，简单易行。缺点是易造成环境污染。因此，深埋地点应选择远离水源、居民区和道路的僻静地方，并且在养牛场的下风向，离养牛区有一定的距离。要求土质干燥、地下水位低，并避开水流、山洪的冲刷。地面距离尸体上表面的深度不得小于2.0m。

（2）腐尸坑　腐尸坑也称生物热坑，用于处理在流行病学及兽医卫生学方面具有危险性的病死牛尸体。一般坑深9~10m，内径3~5m，坑底及壁用防渗、防腐材料建造。坑口要高出地面，以免雨水进入。腐尸坑内牛尸体不要堆积太满，每层之间撒些生石灰，放入后要将坑口密封一段时间后，微生物分解牛所产生的热量可使坑内温度达到65℃以上。经过4~5个月的高温分解，就可以杀灭病原微生物，尸体腐烂达到无害化，分解物可作为肥料。

（3）高温分解处理　高温分解法处理病死牛一般是在大型的高温高压蒸汽消毒机（湿化机）中进行。高温高压蒸汽使尸体中的脂肪熔化，蛋白质凝固，同时杀灭病原微生物。分离出的脂肪可作为工业原料，其他可作为肥料。适合于大型的养牛场。

（4）焚化处理　病死牛焚化处理一般在焚化炉内进行。通过燃料燃烧，将病死的牛化为灰烬。这种处理方法能彻底消灭病原微生物，处理快而卫生。

操作技能

一、操作管道（或计量）式挤奶机进行作业

1. 操作人员必须着工作服和佩戴防护用具，标准着装为白色工作服、长筒靴、帽子、橡胶围裙等。

2. 当使用挤奶机进行挤奶时，必须严格按照正确的挤奶程序进行操作。只有这样才能既保证牛奶的卫生质量，又保证奶牛的乳房健康，同时提高工作效率和挤奶机的使用寿命。

3. 在挤奶前要检查、清洗奶牛的乳头。将乳头消毒护理剂1：5稀释液，药浴每个乳头后，用一次性纸巾擦干，同时挤掉第一把奶。

4. 将4个挤奶杯组先远后近快速套上乳头，套杯时要将短奶管成“S”形，找准乳

头迅速套杯，防止由于大量空气进入影响到牛乳房的健康。套杯后，观察奶牛的排奶情况，无异常情况可短时间离开。

5. 挤奶结束前检查奶牛乳房各乳区余奶情况，按摩余奶较多的乳区，刺激快速排奶，尽可能做到四个乳区同时挤完；绝对避免过度挤奶！

6. 脱杯前，先关断挤奶真空（集乳器上的开关），片刻后柔和取下杯组。

7. 挤奶完后，用乳头消毒护理剂 1∶4 稀释液药浴每个乳头，防止外部细菌感染乳头。

8. 设备的清洗程序。

（1）预冲洗　用大约 40℃的温水冲洗挤奶设备并直接排掉，直到排出的水清澈为止；

（2）循环碱性清洗　用 60～80℃的热水，加入 0.5% 的碱性清洗剂，循环清洗 6～10min，出水温度在 35℃以上；清洗完后排空。

（3）循环酸性清洗　用 60～80℃热水，加入 0.5% 的酸性清洗剂，循环清洗 6～10min，出水温度 35℃以上，清洗完后排空。

（4）最后冲洗　用清水冲洗 3～5min，排空。

（5）停机　打开所有排水阀，确保系统中不残留水分。

二、操作转盘式挤奶机进行作业

1. 为保证正常挤奶，应至少有 6 人参与

一人挤前几把奶，前药浴及照看进牛通道。一人使用毛巾或纸巾擦干乳头。二人套挤奶杯组。一人查找非正常掉杯，后二次套杯。一人后药浴及查看挤奶情况。

2. 套挤奶杯组

按下控制面板挤奶启动键后，用左手把集乳器平端，使四个奶杯自然下垂；右手握住不锈钢杯并向下压使奶杯奶衬呈“S”状弯曲，然后对准奶头左手向下右手向上套上挤奶杯组。如果有瞎奶头，奶杯内衬应用假乳头堵塞，以防漏气。

3. 脱杯

当感应器检测到牛奶流量非常微弱时切断集乳器真空，气缸升举把奶杯组拉起。当非正常脱杯时，有必要二次套杯使牛奶挤干净。

4. 挤奶快结束前

要注意观察奶牛排乳情况（即使配有自动脱落装置也要随时观察），没奶时要及时脱杯，杜绝过度挤奶。

5. 当挤奶全部结束后

可按下手动赶奶按钮 5s，奶泵把集乳罐内残余奶打出。后把气动赶奶旋钮旋至开启状态 20s 左右，把奶管内残余牛奶赶至罐体内。

6. 奶泵或奶泵自动控制出现意外故障

应及时启用手动按钮，控制奶泵泵奶或暂停真空泵，避免牛奶的损失和真空泵的损坏。

7. 清洗

（1）挤奶结束后首先将挤奶杯组倒挂于清洗座胶杯内并将集乳器中间块锁死状态。

不可有漏气处。

（2）打开过滤器，取下过滤纸。

（3）将转盘停止转动，关闭液压站电机。

（4）将2根清洗软管连接到清洗回路上。

（5）按下清洗控制柜上清洗循环按钮，清洗开始。清洗液请用挤奶机专用清洗剂，不可用工业清洗剂，工业清洗剂会导致材料为塑料与橡胶的零部件的损坏和减少寿命。

（6）当清洗全部结束后可按下手动赶奶按钮，奶泵把集乳罐内残余水打出。后把气动赶奶旋钮旋至开启状态，把奶管内残余水排净。

（7）打开过滤器下方的奶管扣夹，排掉过滤器里的水，后合上奶管扣夹。

8. 注意事项

（1）操作电器开关盒上控制按钮时要小心触电。

（2）当转盘式挤奶台正在移动时，其入口、出口区域或者挤奶台上不得站人。

（3）操作时不要接触真空泵消音器外壳以免烫伤。

（4）机器运转时不得拆卸真空泵皮带轮防护罩。

三、操作螺旋挤压式固液分离设备进行作业

（一）设备安装

1. 安装工具

该设备安装过程中需如下工具：电流表、吊装车、电工工具一套、冲击钻、氧气乙炔、电焊机、活动和固定扳手一套、板车或推车、游标卡尺、卷尺和画笔。

2. 安装步骤

（1）固定螺旋挤压设备的位置。

（2）连接相关的管道。

（3）焊接电控箱的支架。

（4）固定电控箱。

（5）连接电路。

（6）调试与运行。

3. 安装技术要点

（1）支架的安装以现场的实际情况而定，必须保证设备能正常的运行。

（2）设备定位准确，所有固定螺栓必须非常紧固。

（3）所有的管路连接件，必须用相应的胶合剂把其黏合在一起。

（4）保证安装电路的电压是设备所需的额定电压。

（5）螺旋挤压部件要固定在传送装置上面，这样污粪才能被传送到挤压装置内部。

（6）电气的安装应规范操作，接线牢固可靠；设备必须使用规定的线接地，通电之前认真核对。

（7）通电前检查电源是否符合要求，确保设备电源处在三级保护的前提下给设备通电。当电机旋转方向不符合要求时，调整电源相序。

（8）试运行时先设定操作面板的各项参数，确认无误后启动设备，观察设备运行情况，并对参数进行调整，确认设备正常工作后，记录参数和交付验收。

（二）作业实施

1. 检查机器技术状态合格后，启动驱动电机。

2. 检查设备运行是否有异常声音；电机电流是否正常，是否缺相。

3. 调整悬臂下部钢丝绳拉紧力度，以达到要求的物料干燥度。

4. 调整进料量。

5. 检查筛网是否正常震动。

6. 观察物料是否含有砖头、石块、铁丝、木头和塑料膜等杂物，是否不处于冻冰、结块状态。

7. 调整空气弹簧进气压力，以达到要求的物料干燥度。

8. 观察脱水器出料是否顺畅，湿度是否合适。如出料太慢则物料含水量低但处理量不足，如太快则处理量足但含水率高，分离效果不好。

9. 观察平衡槽高低液位开关是否有效，溢流管高度是否合适。调节进料量与处理量使其大致平衡，以达到设备工作平稳，分离效果稳定。

10. 作业注意事项：

（1）机器启动和运转时，儿童和无关人员远离该设备和与设备相关的地点。严禁将手或身体的其他部位伸进传动带/传送装置中去。

（2）维修期间，所有开关始终保持关闭状态。

（3）紧急情况下，迅速关闭控制箱上面的电源。

四、操作螺旋式深槽发酵干燥设备进行作业

（一）粪便发酵工艺过程

1. 准备原料。根据牛粪与辅料（锯末、粉碎后的秸秆等）的碳氮比、含水率进行合理配比，调节发酵物料水分。

2. 将准备好的发酵物料放入发酵槽。

3. 启动螺旋式深槽发酵干燥设备，使发酵物料在发酵槽内前后、左右移动，进行搅拌，同时将物料从进料端逐渐向出料端输送。

4. 粪便发酵完毕，牛粪转变为有机肥，出槽装袋或进行深加工。

（二）操作手动模式进行作业

该设备有手动、半自动、自动 3 种工作模式。在需要改变工作模式旋动旋钮开关前，一定先按下复位按钮，以避免造成因旋钮触点临时过渡接触，造成不必要的误操作。在操作前应观察翻料螺旋周围是否有人或物。操作者最好远离机器进行操控。

1. 手动模式的操作方法

该模式主要用途是在设备安装调试阶段或智能控制器发生故障时，作为一种临时操作手段，一般情况下不使用。其具体操作方法如下。

（1）将紧急停止按钮拧开。

（2）将模式选择旋钮开关拨至手动位置。

（3）合上总电源开关。

（4）油泵的启动与停止：按下绿色油泵启动按钮，绿灯亮，油泵电机启动；需要油泵停止时，再按一次相对应的红色油泵停止按钮，绿灯灭，油泵立即停止。

（5）翻料螺旋的启动与停止：按下绿色螺旋启动按钮，绿灯亮，翻料螺旋电机启动；再按一次相对应的红色螺旋停止按钮，绿灯灭，翻料螺旋立即停止。

（6）纵向行走大车前进的启动与停止：按下绿色前进按钮，绿灯亮，大车前进启动，大车从出料端向进料端行驶；再按一次相对应的红色停止按钮，绿灯灭，大车前进立即停止。

（7）纵向行走大车后退的启动与停止启停：按下绿色后退按钮，绿灯亮，大车后退启动，大车从进料端向出料端行驶；再按一次相对应的红色停止按钮，绿灯灭，大车后退立即停止。

（8）横向移动小车的左移或右移和翻料螺旋提升与下降的启停，操作方法同上。

2. 说明事项

（1）横向移动小车左移，操作者面对操作面板，横向移动小车从右向左运动。

（2）横向移动小车右移，操作者面对操作面板，横向移动小车从左向右运动。

（3）翻料螺旋提升的运动方向，翻料螺旋的搅拌臂向脱离发酵槽的方向运动。

（4）翻料螺旋下降的运动方向，翻料螺旋的搅拌臂向深入发酵槽的方向运动。

3. 手动模式作业注意事项

（1）当安装调试阶段或维修后调试，如调整大车轨道直线度、螺旋提升、下降、小车左移、右移、大车前进、后退时，可以不启动翻料螺旋电机，只需启动油泵即可。

（2）前进、后退、左移、右移、提升、下降只允许同时使用一种操作，不允许同时启动两种以上的操作。

（3）当出现紧急情况时，如翻料螺旋危及人身安全或设备动作失灵，应立即切断处于操作面板右侧的总电源开关。

（4）当全部手动操作结束时，应检查所有的绿灯熄灭，并将旋钮开关拨至停止位置，断开总电源开关。

（三）操作半自动模式进行作业

半自动操作是设备最常用的一种操作模式，尤其是在生产工艺尚未规范之前，建议使用此模式。半自动操作模式分为遥控器启动方式和按钮启动方式两种。

1. 操作遥控器启动方式进行作业

操作者提前将旋钮开关拨至半自动方式，使紧急停止按钮抬起，复位按钮抬起（红灯熄灭），合上总电源开关，操作者便可在距离设备 60m 范围之内开始半自动遥控操作。

遥控器配有 4 个操作键，键 1 代表半自动前进启动，键 2 代表半自动后退启动，键 3 代表复位，键 4 代表复位恢复。每按 4 个键之一，红色小灯应点亮，否则说明电池用尽或电池极性装反或遥控器损坏。螺旋式深槽发酵干燥设备遥控接收器安装在设备电控柜内。

2. 遥控器半自动启动操作流程

按下键 3 使螺旋式深槽发酵干燥设备做好启动准备。

按下键 4 使螺旋式深槽发酵干燥设备处于准备启动状态。

按下键 1 使设备立即执行半自动前进程序，设备立即启动。执行的顺序如下。

（1）翻料螺旋电机启动，油泵电机及风机启动。

（2）翻料螺旋搅拌臂下降，当下降至限位处停止。

（3）小车带动翻料螺旋左移翻动物料，至限位处停止。

（4）大车前进0.6m后停止。

（5）小车带动翻料螺旋右移翻动物料，至限位处停止，大车又前进0.6m后停止，工作流程返回到步骤。

（6）当大车从出料端工作到进料端限位时，大车自动停止。

（7）翻料螺旋搅拌臂提升至限位处自动停止。

（8）小车脱离限位处。

（9）大车后退，当从进料端退回到出料端限位时，大车停止。

（10）翻料螺旋电机、油泵电机、风机均停止工作。

（11）一次完整的半自动前进操作结束。

3. 注意事项

（1）在操作过程中设备执行部件危及人身安全或设备工作发生异常，应立即按遥控器键3，使整个设备停止运行，并迅速切断电控柜总电源开关。

（2）在遥控操作前设置半自动操作时，如果先合上总电源开关，在转动旋钮开关前应先按下操作面板的复位启动按钮，再转动旋钮开关拨至半自动方式，以防错误执行自动方式和定时方式，然后再将复位按钮恢复（灯熄灭）。

（3）遥控半自动操作时，红色旋钮开关必须处于半自动位置。

（4）遥控半自动操作结束时，应切断总电源开关并将红色旋钮开关拨至停止位置。

（5）在使用遥控器时，不允许按下键1后又按键2或者按下键2后又按键1，否则系统立即执行半自动后退或前进与设备正在执行的功能相反，可能造成液压系统及电气系统损坏或造成动作混乱。

按下键3再按键4，再按键2后退程序，设备立即后退（后退时不搅拌），当设备后退到出料端自动停止，按键3停止。

4. 操作按钮启动方式进行作业

此方式与遥控器半自动启动方式的流程完全一致，操作区别是：

（1）用操作面板第5排的自动前进按钮代替遥控器的键1。

（2）用操作面板第5排的自动后退按钮代替遥控器的键2。

（3）用复位按钮代替遥控器的键3和键4，按下复位按钮（红灯亮）相当于按下遥控器键3，抬起复位按钮（红灯熄灭）相当于按下遥控器的键4。

（四）操作自动模式进行作业

1. 自动模式的初始状态

大车处于发酵槽出料端端头，小车处于大车中央位置，翻料螺旋处于上限位。

2. 自动模式作业流程

自动模式启动后，小车开始左移工作，当小车左移至左移限位处，小车停止左移，大车前进上一段距离后停止；小车开始右移工作，当小车右移至右移限位处，小车停止右移，大车前进一段距离后停止；小车再次开始左移工作。如此反复，当大车到达进料端端头限位时，一次工作进程结束。

3. 注意事项

（1）当油泵或螺旋搅拌电机故障时，设备会发出声光报警，设备同时被禁止各种操作。此时操作者进行维修。

（2）当设备在工作中出现异常现象或危及人身安全时，可按下紧急停止按钮或切断总电源，使总电源处于“分”的位置。

（3）自动方式和定时方式不允许一般操作人员使用。因为自动方式的功能与半自动相同，差别是采用自动方式可以使设备自动重复若干次。定时方式更不能随意使用，因为一旦设置为定时方式，设备到某一时间便会自动启动；如果没有严格的管理制度或确定的工艺流程，设备突然启动会危及人生安全，夜间启动还会失去对设备的监控。自动模式和定时方式均需对智能控制器进行参数设定，所以不允许一般操作人员使用。

五、操作背负式手动喷雾器进行消毒作业

1. 操作人员进入养殖区时必须穿戴好防护用品，并淋浴消毒、更换工作服、戴口罩。

2. 检查调整好机具。正确选用喷头片，大孔片流量大雾滴粗，小孔片则相反。

3. 往喷雾器加入药液。要先加三分之一的水，再倒入药剂，后再加水达到药液浓度要求，但注意药液的液面不能超过药箱安全水位线。加药液时必须用滤网过滤，注意药液不要散落，人要站在上风加药，加药后要拧紧药箱盖。

4. 初次装药液，由于喷杆内含有清水，需试喷雾 2 ~ 3min 后，开始使用。

5. 喷药前，先扳动摇杆 10 余次，使桶内气压上升到工作压力。扳动摇杆时不能过分用力，以免气室爆炸。

6. 喷药作业。一是消毒顺序：按照从上往下、从后往前、由舍里向舍外的顺序。即先房梁、屋面、墙壁、笼架、最后地面的顺序；从后往前，即从畜禽舍由里向外的顺序。二是采用侧向喷洒，即喷药人员背机前进时，手提喷管向一侧喷洒，一个喷幅接一个喷幅，并使喷幅之间相连街区短的雾滴沉积有一定程度上的重叠，但严禁停留在一处喷洒。三是消毒方法。喷雾时将喷头举高，喷嘴向侧上以画圆圈方式先里后外逐步喷洒，使雾粒在空气中呈雾状慢慢飘落，除与空气中的病原微生物接触外，还可与空气中的尘埃结合，起到杀菌、除尘、净化空气、减少臭味的作用。若是敞开式舍区，作业时根据风向确定喷洒行走路线，走向应与风向垂直或成不小于 45℃ 的夹角，操作者在上风向，喷射部件在下风向，开启手把开关，立即按预定速度和路线边前进边扳动摇杆，喷施时采用侧向喷洒。操作时还应将喷口稍微向上仰起，并离物体表面 20 ~ 30cm 高，喷洒幅宽 1.5m 左右，当喷完第一幅时，先关闭药液开关，停止扳动摇杆，向上风向移动，行至第二宽幅时再扳动摇杆，打开药液开关继续喷药。

7. 结束清洗喷雾器。①工作完毕，应对喷雾器进行减压，再打开桶盖，及时倒出桶内残留的药液，并换清水继续喷洒 2 ~ 5min，清洗药具和管路内的残留药液。冲洗喷雾器的水不要倒在消毒物品或消毒地面上，以免降低局部消毒药液的浓度。②卸下输药管、拆下水接头等，排除药具内积水，擦洗掉机组外表污物。③放置在通风干燥处保存。

8. 作业注意事项：

（1）消毒液配制前必须了解选用消毒药剂的种类浓度及其用量。应先配制溶解后再过滤装入喷雾器中，以免残渣堵塞喷嘴。

（2）药物不能装得太满，以八成为宜，避免出现打气困难或造成筒身爆裂。

（3）喷雾时喷头切忌直对畜禽头部，喷头应距离畜禽体表面 60～80cm，喷雾量以地面、舍内设备和畜禽体表面微湿的程度为宜。

（4）喷雾雾粒应细而均匀，雾粒直径应为 80～120μm，雾粒过大则在空中下降速度太快，起不到消毒空气的作用，还会导致喷雾不均匀和牛舍潮湿；雾粒过小则易被畜禽吸入肺中，引起肺水肿、呼吸困难等呼吸疾病。

（5）喷雾时尽量选择在气温较高时进行，冬季最好选在 11:00～14:00 进行。

（6）喷雾消毒时间最好固定，且应在暗光下进行，降低畜禽的应激。

（7）带畜禽消毒会降低舍内温度，冬季应先适当提高畜禽舍温后再喷药（最好不低于 16℃）。

（8）畜禽接种疫苗期间前后 3 天禁止喷雾消毒，以防影响免疫效果。

（9）畜禽舍喷雾消毒后应加强通风换气，便于畜禽体表、舍内设备和墙壁、地面干燥。

（10）消毒次数根据不同养殖对象的生长状况、季节和病原微生物的种类而定。以商品蛋鸡为例，带鸡喷雾消毒以育雏期每周消毒 2 次、育成期每周 1 次、成年鸡每周 3 次为宜，疫情期间应每天消毒 1 次。

六、操作背负式机动弥雾喷粉机进行消毒作业

1. 操作人员消毒防护措施同上。

2. 按照使用说明书的规定检查调整好机具，使药箱装置处于喷液状。如汽油机转速调整：（油门为硬连接）按启动程序启动喷雾机的汽油机，低速运转 2～3min，逐渐提升油门至操纵杆上限位置，若转速过高，旋松油门拉杆上的螺母，拧紧拉杆下面的螺母；若转速过低，则反向调整。

3. 加清水进行试喷。

4. 添加药液。加药液时必须用滤网过滤，总量不要超过药箱容积的四分之三，加药后要拧紧药箱盖。注意药液不要散落，人要站在上风加药。

5. 启动机器。启动汽油机并低速运转 2～3min，将机器背上，调整背带，药液开关应放在关闭位置，待发动机升温后再将油门全开达额定转速。

6. 喷药作业。消毒顺序、路线、方法、方向和速度同手动喷雾器作业。其喷洒幅宽 2m 左右，当喷完第一幅时，先关闭药液开关，减小油门，向上风向移动，行至第二宽幅时再加大油门，打开药液开关继续喷药。

7. 停机操作。停机时，先关闭药液开关，再减小油门，让机器低速运转 3～5min 再关闭油门，汽油机即可停止运转，然后放下机器并关闭燃油阀。切忌突然停机。

8. 清洗药机。①换清水继续喷洒 2～5min，清洗泵和管路内的残留药液。②卸下吸水滤网和输药管，打开出水开关，将调压阀减压，旋松调压手轮，排除泵内积水，擦洗掉机组外表污物。③严禁整机浸入水中或用水冲洗。

9. 注意事项：

（1）机器使用的是汽油，应注意防火，加完油将油箱盖拧紧。严禁在机旁点火或抽烟，作业中须加油时必须停机，待机冷却后再加油。

（2）开关开启后，随即用手左右摆动喷管，增加喷幅，前进速度与摆动速度应适当配合，以防漏喷影响作业质量。严禁停留在一处喷洒，以防引起药害。

（3）控制单位面积喷量。除用行进速度调节外，移动药液开关转芯角度，改变通道截面积也可以调节喷量大小。

（4）由于喷雾雾粒极细，不易观察喷洒情况，一般情况下，只要叶片被喷管风速吹动，证明雾点就达到了。

（5）作业中发现机器运转不正常或其他故障，应立即停机，关闭阀门，放出筒内的压缩空气，降低管道中的压力，进行检查修理。待正常后继续工作。

（6）在喷药过程中，不准吸烟或吃东西。

（7）喷药结束后必须要用肥皂洗净手、脸，并及时更换衣服。

七、操作常温烟雾机进行消毒作业

1. 要仔细阅读使用说明书，并严格按照操作规程进行操作。

2. 首先要关闭门窗，以确保消毒效果。

3 在喷药前，将喷雾系统和支架置于舍内中间走道（若无中间走道则置于舍内中线）、离门 5m 左右的地方，调节喷口高度离地面 1m 左右，喷口仰角 2°~3°。

4. 配制好的消毒药液必须通过过滤器注入药箱，以免堵塞喷嘴。工作时药箱要与支架锁定。

5. 接通电源开关、电机开关。打开药液开关。

6. 工作时工作人员在舍外监视机具的作业情况，不可远离，发现故障应立即停机排除。

7. 严格按喷洒时间作业，一般 300m^2 的畜禽舍喷洒 30min 左右即可。

8. 停机时先关空气压缩机，5min 后再关轴流风机，最后关漏电开关。

9. 喷洒消毒药物后，畜禽舍的门窗要密闭 6h 以上。

10. 一栋舍喷洒完消毒药物后，将喷雾系统和支架置移出（切记不可带电移动）装车转移到其他舍继续作业。

11. 所有作业完成后要将机具清洗。先将吸液管拔离药箱，置于清水瓶内，用清水喷雾 5min，以冲洗喷头、管道。用专用容器收集残液，然后清洗药箱、喷嘴帽、吸水滤网和过滤盖。擦净（不可用水洗）风筒内外面、风机罩、风机及其电机外表面、其他外表面的药迹和污垢。

12. 作业注意事项：

常温烟雾机不可用于带畜禽消毒，以免畜禽吸入烟雾后引起呼吸道疾病。

八、操作电动喷雾器进行消毒作业

1. 充电。购机后立即充电，将电瓶充满电。因为电瓶出厂前只有部分电量，完全充满后方可使用。一般充电时间为 5~8h，耗电仅几分钱。因为本充电器具有过充电保护功能充满后自动断电，不会因为忘记切断电源长时间（几天几夜）过充电而损伤电瓶。

2. 充电时，必须使用本机专用的充电器，与220V电源连接。充电器红灯亮，表示正在充电。充电器绿灯亮，表示充电基本完成，但此时电量较虚，需要再充1～2h才能真正充满。

3. 本机配有单喷头、双喷头，使用时根据物体形状的不同，选用不同的喷头。例如：喷较高的屋面，可以使用本机的药桶也可以利用大水罐放在地上，配20～30m的长水管喷药，本身喷的水雾可以高达7～8m，把喷杆加长可以喷到十几米以上。如果喷施面积较大，可以另备一只更大容量的电瓶，打开活门就可以更换。

4. 必须使用干净水，慢慢加入，添加药液时必须使用本机配有的专用过滤网。

5. 喷药方法参见机动弥雾机作业。

6. 每次使用要留一定的电，不然就会亏电，用完后（无论使用时间长短）回家立即充电，这样可以延长电瓶的寿命。

7. 清洗，加一些清水让它喷出去，可减少农药对水泵的腐蚀。

8. 如果喷雾器长时间不用（农闲时），一般二三个月充一次电，保证电瓶不亏电，这样可以延长电瓶的寿命。

九、病死牛的深埋处理作业

1. 在远离场区的下风地方挖2m以上的深坑。
2. 在坑底撒上一层100～200mm厚的生石灰。
3. 然后放上病死牛，每一层病牛之间都要撒一层生石灰。
4. 在最上层死牛的上面再撒一层200mm厚的生石灰，最后用土埋实。

第十五章　设施养牛装备故障诊断与排除

相关知识

一、管道与计量式挤奶机工作过程

挤奶员给泌乳牛套上挤奶杯组，打开真空管路开关，在真空系统的脉动吸力下，牛奶通过挤奶杯组、集乳器和奶管进入计量瓶，计量后到集乳罐（瓶），通过排奶泵将集乳罐中的牛奶输送到制冷罐中。

二、转盘式挤奶机工作过程

泌乳牛依次通过挤奶厅、转盘式挤奶机的进口进入转盘平台，挤奶员给泌乳牛套上挤奶杯组，打开真空管路开关，在真空系统的脉动吸力下，牛奶通过挤奶杯组、集乳器和奶管进入计量瓶，计量后到集乳罐（瓶），通过排奶泵将集乳罐中的牛奶输送到制冷罐中。

在挤奶过程中，泌乳牛在转盘（挤奶台）上实现产奶，一边挤奶一边转动，机器转弯一周后牛奶应该挤完，自动脱杯后，奶牛从出口处返回。如果未能完成，转盘自动减速或停止，直到奶牛完成挤奶，速度是连续流控制而不是阶梯式控制，也可以手动控制。泌乳牛可以随时进退，不必分批进退，能确保挤奶工作的高效、连续，奶牛进入转盘式挤奶厅系统（图 14－2），如果有一个挤奶杯组掉落或者被踢落，或者挤奶完成后一头牛不走下转盘平台，转盘都会自动停止。具有良好的工作条件，操作员可以在转盘里面也可以在转盘外面，只有在奶牛或机器出现问题时，操作员才可以离开他们的位置去处理问题。

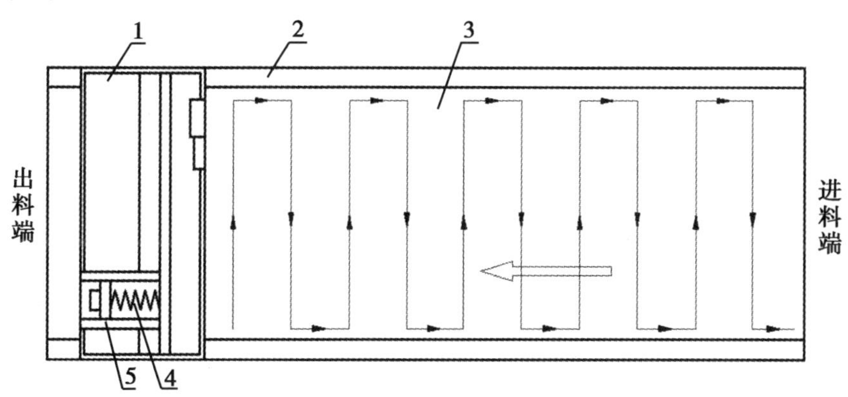

图　螺旋式深槽发酵干燥设备运行轨迹

1－纵向行走大车；2－发酵槽轨道；3－发酵槽；4－翻料螺旋；5－横向移动小车

三、螺旋挤压式固液分离设备工作过程

该设备的工作过程是将牧场产生的粪污泵入平衡槽内，然后由两根软管输入脱水器底部，在搅笼和不锈钢网筒的搅动过滤作用下，大部分水分被滤网脱出，在出水口由两支软管送达五辊分离机底部接液盘内，同五辊分离出的水分一起被送到沼液池内；同时物料沿螺旋上升，在顶部含水量为 89% ~83% 的肥料经出料斗滑到五辊分离机进料口内，经五辊分离机进一步碾压，含水量为 70% ~78% 的干肥料沿五辊下端的刮板排出。

四、螺旋式深槽发酵干燥设备的工作过程

是利用塑料大棚中形成的温室效应，充分利用太阳能来对粪便进行干燥处理。当含水率 70% 左右的粪便从大棚一端卸入槽内，设备启动后，纵向行走大车放置在发酵槽轨道上，可沿发酵槽轨道纵向移动。横向移动小车安装在纵向行走大车上的轨道上，可以实现翻料螺旋的横向移动。翻料螺旋安装在横向移动小车上，通过纵向行走大车、横向移动小车在纵横两个方向上的移动可以使翻料螺旋到达发酵槽的任意位置。下图中带箭头的“之”字形线条为翻料螺旋运动轨迹，大箭头为物料移动方向。物料在发酵槽中缓慢移动完成发酵过程。当粪便被推到大棚另一端时，含水率已经降至 30% 左右，整个发酵处理过程 30 天左右。当物料充满发酵槽后，每天可以从进料端投入一定量的未发酵物料，从出料端得到发酵的有机肥料产品。

该设备的螺旋搅拌器具有 3 个功能：一是将料层底部的物料搅拌翻起并沿螺旋倾斜方向向后抛洒，使物料在运动过程中与空气充分接触，为物料充分发酵补充所需的氧气；二是翻动物料时，可加速发酵热量蒸发的水分蒸发；三是可将物料从进料端逐渐向出料端输送。

五、背负式机动弥雾喷粉机工作过程

喷粉机弥雾作业时，汽油机带动风机叶轮旋转，产生高速气流，并在风机出口处形成一定压力，其中大部分气流从风机出口流入喷管，而少量气流经挡风板、进气软管，再经滤网出气口，返入药液箱内，使药液箱内形成一定的压力。药液在风压的作用下，经输液管、开关把手组合、喷口，从喷嘴周围流出，流出的药液被喷管内高速气流冲击而弥散成极细的雾滴，吹向物体。水平射程可达 10 ~12m，雾滴粒径平均 100 ~120μm。

喷粉过程与弥雾过程相似，风机产生的高速气流，大部经喷管流出，少量气流则经挡风板进入吹粉管。进入吹粉管的气流由于速度高并有一定的压力，这时，风从吹粉管周围的小孔吹出来，将粉松散并吹向粉门，由于输粉管出口处的负压，将粉剂农药吹向弯管内，之后被从风机出来的高速气流吹向作物茎叶上，完成了喷粉过程。

六、常温烟雾机工作过程

常温烟雾机工作过程，以 3YC -50 型为例，工作时，大电机驱动空气压缩机产生压力为 1.5 ~2.0MPa 的高压空气，高压空气通过空气胶管和进气管进入到喷头的涡流室内，形成高速旋转的气流，并在喷嘴处产生局部真空，药箱中的药液通过输液管被吸入到喷嘴处喷出，喷出的药液和高速旋转的气流混合后就被雾化成雾滴粒径小于 20μm

的烟雾。这时小电机带动轴流风机转动，在产生的风力作用下烟雾被吹向远方。最远距离可达到30m，烟雾扩散幅宽可达6m。经过30～60min的吹送，药液烟雾可以飘逸到密闭的畜禽舍内各处，并在空间悬浮2～3h，从而达到为舍内各物体表面和舍内空气消毒灭菌的目的。用该机进行畜禽舍消毒，操作人员不必进入舍内。

操作技能

一、管道与计量式挤奶机械常见故障诊断与排除（表15－1）

表15－1　管道与计量式挤奶机常见故障诊断与排除

故障名称	故障现象	故障原因	排除方法
真空泵不运转	真空泵不工作	1. 真空泵无电 2. 漏电保护跳闸 3. 电动机烧坏 4. 真空泵进入杂物 5. 旋片破碎，卡住	1. 检查电源和供电线路，接通电源 2. 检查漏电跳闸原因，并排除 3. 更换电机 4. 拆开真空泵，检查并将部件用煤油清洗干净，再装配好 5. 更换全部旋片
真空泵异响	真空泵声音异常	1. 真空泵进入杂物 2. 旋片破碎 3. 轴承损坏或者间隙过大	1. 拆开真空泵，检查并将部件用煤油清洗干净，再装配好 2. 更换全部旋片 3. 更换轴承
真空度过低	真空度低于48～50kPa	1. 真空泵抽气速率下降 2. 真空泵旋片磨损严重 3. 真空泵漏气 4. 真空泵皮带松 5. 压力表失灵 6. 真空泵的转子旋片槽污染，粘住旋片 7. 真空过滤器堵塞 8. 真空过滤器变形导致不通气 9. 真空调节器泄露量过大 10. 阀门没关或损坏 11. 集乳器泄露量过大 12. 挤奶橡胶管道老化或损坏 13. 挤奶管道接头漏气	1. 更换真空泵旋片或换泵 2. 调整真空泵旋片的棱角方向，更换旋片的内外角或四片旋片 3. 拧紧或更换真空泵密封件 4. 张紧或更换真空泵皮带 5. 校正或更换压力表 6. 不拆真空泵的情况下，将煤油盛于容器中，用与真空泵入口相连接的塑料管吸入泵中，同时在排气口处收集排出的煤油，重复多次 7. 拆下真空过滤器清洗干净再装上 8. 校正或者更换真空过滤器 9. 清洗并调整或者更换真空调节器 10. 找出并关闭阀门 11. 更换集乳器 12. 更换橡胶管道 13. 更换挤奶管道和接头
脉动器失灵	脉动器工作不正常	1. 脉动器太脏 2 脉动器电源电压不足或波动 3. 脉动器真空度不足	1. 清洗脉动器 2. 检查脉动器电源 3. 见管道式挤奶机真空度过低排除方法

（续表）

故障名称	故障现象	故障原因	排除方法
奶泵工作失灵	奶泵工作不正常或不工作	1. 密封环损坏 2. 止回阀破损或卡死 3. 电机烧坏 4. 电压不正常	1. 更换密封环 2. 更换止回阀 3. 更换电机 4. 检查电源电压
计量器失灵	1. 转盘式挤奶机计量器不计量或显示0.4L 2. 转盘式挤奶机计量器计量不准确	1. 计量器与接线盒的接线不正确或断路 2. 膜片破裂 3. 红色信号管折叠或破裂 4. 电磁阀损坏 5. 流量计内感应电极脏 6. 校正系数不适当	1. 检查计量器接线 2. 更换膜片 3. 检查校正红色信号管或更换 4. 维修电磁阀必要时更换 5. 清洗流量计内感应电极 6. 重新调节校正系数

二、转盘式挤奶机常见故障诊断与排除（表15－2）

表15－2　转盘式挤奶机常见故障诊断与排除

故障名称	故障现象	故障原因	排除方法
挤奶机真空泵不动	挤奶机真空泵不启动	1. 真空泵变频器无电源 2. 真空泵变频器过载保护 3. 自动清洗器与真空泵开关连接线断路 4. 真空泵开关箱继电器过载保护 5. 自动清洗器键盘失灵 6. 真空泵开关失灵	1. 检查主电源和电路，接通电源 2. 检查排除变频器阻力来源 3. 检查接通自动清洗器与真空泵开关连接线 4. 重新调节真空泵开关箱继电器电流 5. 更换自动清洗器键盘 6. 更换真空泵控制开关
挤奶机排奶泵失灵	排奶泵不能启动或不能停止	1. 中心电柜排奶泵控制开关过载保护 2. 液位控制器故障	1. 检查阻力来源 2. 更换液位控制器
	排奶泵泵奶速度减慢	1. 排奶泵叶轮磨损或损坏 2. 排奶泵轴密封磨损或密封圈老化	1. 检查叶轮，必要时更换 2. 检查轴密封和密封圈，必要时更换
奶水分离器失灵	奶水分离器浮球上浮 不能挤奶或不能清洗	1. 排奶泵泵奶速度减慢 2. 浪涌放大器设置不妥	1. 维修排奶泵或更换 2. 重新设置浪涌放大器
计量器失灵	计量器不计量或显示0.4L	1. 计量器与接线盒的接线不正确或断路 2. 膜片破裂 3. 红色信号管折叠或破裂 4. 电磁阀损坏 5. 流量计内感应电极脏	1. 检查计量器接线 2. 更换膜片 3. 检查校正红色信号管或更换 4. 维修电磁阀必要时更换 5. 清洗流量计内感应电极
	计量器计量不准确	校正系数不适当	重新调节校正系数

（续表）

故障名称	故障现象	故障原因	排除方法
清洗时水量小	清洗时水量小	1. 挤奶杯组与清洗座之间漏气 2. 浪涌放大器工作不正常 3. 奶管被弯曲 4. 自动清洗器工作不正常	1. 检查挤奶杯组与清洗座，防止漏气 2. 检查浪涌放大器 3. 检查奶管 4. 检查自动清洗器，更换损坏部件
液压控制失灵	按控制箱按扭无反应	1. 无电源 2. 进牛门处限位开关未复位 3. 停止绳限位开关未复位	1. 检查电控箱，接通电源 2. 检修进牛门处的限位开关或更换 3. 检修停止绳限位开关或更换
转盘不转	液压泵工作，转盘不能转动	1. 进牛门处限位开关未复位 2. 调速电子阀故障 3. 控制电线被咬断 4. 速度不能调节 5. 主控箱故障	1. 检修进牛门处限位开关或更换 2. 检修调速电子阀，必要时更换 3. 检查控制电线并修复 4. 调节电子阀电流旋扭（必须有专业人员操作） 5. 将液压泵直接接入电源，手工操作转盘
液压油变质	液压油像牛奶样	液压油箱油有异物，如油箱温度低	每天挤奶结束后，将油箱底部清理干净
	液压油变黑或有焦味	1. 液压油被加热 2. 工作环境温度高于65℃ 3. 减压阀压力太低，导致减压阀频繁打开 4. 液压油变质 5. 清洗时转盘还在运转，导致不必要的磨损	1. 查找原因，清洗油路，更换液压油 2. 将油泵放在通风环境或加装入降温装置 3. 重新设定减压阀工作压力4MPa 4. 每3 000 h或如油温超过59℃时每1 500h更换液压油 5. 不挤奶时关闭转盘
液压油太赃	液压油太赃	1. 不同的油混合 2. 过滤器盖未盖 3. 工作油温超过59度 4. 过滤器堵塞或型号不对	1. 应使用相同型号的液压油 2. 盖好过滤器盖 3. 增加换油频率或加装降温装置 4. 清洗或更换过滤器
液压系统太热	液压系统温度高	1. 液压泵磨损或打滑 2. 减压阀设定太高 3. 降温装置工作不正常 4. 工作时间延长但未改变保养时间	1. 更换液压油泵 2. 重新设定减压阀工作压力2 300PSI 3. 检查热交换器的进水和风 4. 根据工作时间重新制定保养计划
	液压泵发热	液压油黏度太低导致泵打滑	更换液压油，如需要换成46号

（续表）

故障名称	故障现象	故障原因	排除方法
转盘转动异常	转盘转速很慢	1. 没有足够的液压油 2. 溢流阀设定压力低 3. 分配阀不正常 4. 液压泵转速不够 5. 减压阀未关闭 6. 进油过滤器堵塞 7. 油黏度太低或油使用时间太长 8. 液压油黏度太高或油温太低 9. 调速电子阀设定错误	1. 按说明书规定加注液压油 2. 调整溢流阀工作压力 4MPa 3. 清洗或更换分配阀 4. 检查泵的转速，速度应为 1 450RPM 5. 调节减压阀 6. 清洗或更换过滤器 7. 更换液压油和过滤器或将 32 号油改成 46 号 8. 当停机时保持室内温度，或将液压油改成低黏度的油如 32 号．换油前应放尽所有旧油并更换过滤器 9. 重新设定电子阀
	驱动轮打滑	1. 驱动轮弹簧螺丝太松 2. 驱动轮偏离原来位置 3. 驱动轮磨损，其橡胶部分小于 40mm，外径小于 280mm 4. 驱动轮或固定板有脏物	1. 调节驱动轮弹簧松紧度 2. 重新调节驱动轮位置 3. 更换驱动轮 4. 清除脏物
	驱动轮运转不平稳	驱动轮安装不当	重新安装、调节驱动轮位置，转盘转动时驱动轮应该在两个方向都保持水平
	转盘反方向转动	方向阀接线错误	方向阀重新接线
	转盘按扭开关在停止位置时，转盘还转动	应急转动开关没关闭	将应急转动开关关闭
液压马达转动无力	液压马达转动无力	液压油黏度太低或时间长	更换液压油和过滤器，排尽所有油，改成 46 号油
齿轮油壶溢油	油壶溢油	1. 如果有少量溢油，可能油加得太多 2. 如果持续溢油，可能是液压马达轴密封磨损	1. 倒掉多于的油 2. 更换液压马达轴密封
液压泵空转	液压泵无负载没有噪音，当有负载时噪音加大	1. 液压油位太低 2. 液压油黏度太高，可能油温太低 3. 进油过滤器堵塞 4. 进油管路漏气 5. 液压泵密封圈磨损	1. 检查泄漏并修复，重新将油加至合适位置 2. 给油箱加温或更换液压油 3. 清洗进油过滤器 4. 锁紧油管接头 5. 更换液压泵密封圈

（续表）

故障名称	故障现象	故障原因	排除方法
液压泵油量少或无油	液压泵油量少或无油	1. 液压泵反方向运转 2. 进油管堵塞或受到限制 3. 油箱油位太低 4. 油黏度太低，或可能第一次可以，但随着油温升高导致速度减慢 5. 如果换液压泵电机，确认转速和方向，调顺时针	1. 更换液压泵接线，液压泵轴应顺时针运转 2. 清洗进油过滤器，检查进油管 3. 检查泄漏并修复，重新加油 4. 更换液压油 5. 调节液压泵电机转速和运转方向
液压泵异响	液压泵近期噪音变大	1. 液压泵内部机械故障 2. 液压油质差 3. 过滤器堵塞 4. 液压油温高	1. 更换液压泵 2. 更换符合说明书要求的液压油 3. 清洗或更换过滤器 4. 加装降温装置
液压油时间短	液压油提前失效	1. 工作压力太高 2. 油的型号不对 3. 油温太高 4. 过滤器能力降低 5. 脏物进入液压油，过滤器盖未盖 6. 水进入液压油内 7. 油过滤器未及时更换或油泵保养不当 8. 油泵运转太慢或太快 9. 油泵空转	1. 重新设定工作压力应为 4 MPa 2. 清洗系统更换液压油 46 号抗磨液压油 3. 解决油温问题或加装降温装置 4. 更换过滤器．每次换油时都应更换 5. 盖好过滤器盖 6. 检查进水原因并修复 7. 参考油泵和过滤器保养 8. 检查电机转速 9. 检查空转原因并排除
液压油泵压力不足	液压油泵没有高压	1. 进油过滤器堵塞 2. 油管泄漏 3. 油泵磨损	1. 清洗进油过滤器 2. 更换油管 3. 更换油泵

三、螺旋挤压式固液分离设备常见故障诊断及排除（表 15－3）

表 15－3　螺旋挤压式固液分离设备常见故障诊断及排除

故障名称	故障现象	故障原因	排除方法
电机不运转	通电后，电机不运转	1. 电源线路断开 2. 电压不足 3. 电机损坏 4. 管路堵塞	1. 接通电源线路 2. 调整电压 3. 修理或更换电机 4. 停机清除堵塞物
出料太湿	出料太湿	1. 高低液位开关失效 2. 溢流管高度不合适	1. 调整或更换液位开关 2. 调整溢流管高度

（续表）

故障名称	故障现象	故障原因	排除方法
平衡槽溢粪	粪污溢出平衡槽	溢流管堵塞	停机清除堵塞物
管道渗漏	管道或接头漏水	1. 管道坏 2. 接头松	1. 修复 2. 拧紧接头

四、螺旋式深槽发酵干燥设备常见故障诊断及排除（表15－4）

表15－4　螺旋式深槽发酵干燥设备常见故障诊断及排除

故障名称	故障现象	故障原因	排除方法
大车运行啃轨	大车运行啃轨	1. 两侧轨道高度差过大 2. 轨道水平弯曲过大 3. 车轮的安装位置不正确 4. 桥架变形 5. 轨道顶面有油污、杂物等，引起两侧车轮的行进速度不一样	1. 采用增减垫板法来消除两侧道轨之间的高低误差 2. 调整轨距和减少道轨水平弯曲 3. 调整车轮跨度和对角线值待参数，恢复车轮正确位置 4. 校正或找供应商解决 5. 清除油污和杂物
螺栓叶片变形	螺旋叶片变形	有大块杂物堵塞	清除堵塞杂物
设备不能启动	设备处于非手动时不能启动	1. 复位按钮处于无效状态 2. 紧急停止按钮处于无效状态	1. 使复位按钮处于有效状态 2. 使紧急停止按钮处于有效状态

五、背负式手动喷雾器常见故障诊断与排除（表15－5）

表15－5　背负式手动喷雾器常见故障名称、现象、原因及排除方法

故障名称	故障现象	故障原因	排除方法
压杆下压费力	塞杆下压费力，压盖顶端冒水。松手后，杆自动上升	1. 气筒有裂纹 2. 阀壳中铜球有脏污，不能与阀体密合，失去阀的作用	1. 焊接修复 2. 清除脏污或更换铜球
塞杆下压轻松	塞杆下压轻松，松手自动下降，压力不足，雾化不良	1. 皮碗损坏 2. 底面螺丝松动 3. 进水球阀脏污 4. 吸水管脱落 5. 安全阀卸压	1. 修复或更换皮碗 2. 拧紧螺帽 3. 清洗球阀 4. 重新安装吸水管 5. 整或更换安全阀弹簧
压盖漏气	气筒压盖和加水压盖漏气	1. 垫圈、垫片未垫平或损坏 2. 凸缘与气筒脱焊	1. 调整或更换新件 2. 焊修

（续表）

故障名称	故障现象	故障原因	排除方法
雾化不良	喷头雾化不良或不出液	1. 喷头片孔堵塞或磨损 2. 喷头开关调节阀堵塞 3. 输液管堵塞 4. 药箱无压力或压力低	1. 清洗或更换喷头片 2. 清除 3. 清除 4. 旋紧药箱盖，检查并排除压力低故障
漏液	连接部位漏水	1. 连接部位松动 2. 密封垫失效 3. 喷雾盖板安装不对	1. 拧紧连接部位螺栓 2. 更换密封垫 3. 重新安装

六、背负式机动弥雾喷粉机常见故障诊断与排除（表15－6）

表15－6　背负式机动弥雾喷粉机常见故障诊断与排除

故障名称	故障现象	故障原因	排除方法
喷粉时有静电	喷粉时产生静电	喷粉时粉剂在塑料喷管内高速冲刷，摩擦起电	在两卡环间以铜线相连，或用金属链将机架接地
喷雾量减少	喷雾量减少或不喷雾	1. 开关球阀或喷嘴堵塞 2. 过滤网组合或通气孔堵塞 3. 挡风板未打开 4. 药箱盖漏气 5. 汽油机转速下降 6. 进气管扭瘪	1. 清洗开关球阀和喷嘴 2. 清洗通气孔 3. 打开挡风板 4. 检查胶圈并盖严 5. 查明原因并排除故障 6. 通管道或重新安装
药液进入风机	药液进入风机	1. 进气塞与胶圈间隙过大 2. 胶圈腐蚀失效 3. 进气塞与过滤阀组合之间进气管脱落	1. 更换进气胶圈或在进气塞的周围缠布 2. 更换胶圈 3. 重新安装并紧固
药粉进入风机	药粉进入风机	1. 吹粉管脱落 2. 吹粉管与进气胶圈密封不严 3. 加粉时风门未关严	1. 重新安装 2. 密封严实 3. 先关好风门再加粉
喷粉量少	喷粉量少	1. 粉门未全打开或堵塞 2. 药粉潮湿 3. 进气阀未全打开 4. 汽油机转速较低	1. 全打开粉门或清除堵塞 2. 换用干燥的药粉 3. 全打开进气阀 4. 检查排除汽油机转速较低故障
风机故障	运转时，风机有摩擦声和异响	1. 叶片变形 2. 轴承失油或损坏	1. 校正叶片或更换 2. 轴承加油或更换轴承

（续表）

故障名称	故障现象	故障原因	排除方法
二冲程汽油机燃油系故障	油路不畅或不供油导致启动困难	1. 油箱无油或开关未打开 2. 接头松动或喇叭口破裂 3. 汽油滤清器积垢太多，衬垫漏气 4. 浮子室油面过低，三角针卡住 5. 化油器油道堵塞 6. 油管堵塞或破裂 7. 二冲程汽油机燃油混合配比不当	1. 加油，打开开关 2. 紧固接头，改制喇叭口 3. 清洗滤清器，紧固或更换衬垫 4. 调整浮子室油面，检修三角针 5. 疏通油道 6. 疏通堵塞或更换油管 7. 按比例调配燃油
	混合气过浓导致启动困难	1. 空滤器堵塞 2. 化油器阻风门打不开或不能全开 3. 主量孔过大，油针旋出过多； 4. 浮子室油面过高 5. 浮子破裂	1. 清洗滤网，必要时更换润滑油 2. 检修阻风门 3. 检查主量孔，调整油针 4. 调整浮子室油面 5. 更换浮子
	混合气过稀导致启动困难、功率不足，化油器回火	1. 油道油管不畅或汽油滤清器堵塞 2. 主量孔堵塞，油针旋入过多 3. 浮子卡住或调整不当，油面过低 4. 化油器与进气管、进气歧管与机体间衬垫损坏或紧固螺丝松动 5. 油中有水	1. 清洗油道，疏通油管，清洗滤清器 2. 清洗主量孔，调整油针 3. 检查调整浮子，保持油面正常高度 4. 更换损坏的衬垫，均匀紧固拧紧螺丝 5. 放出积水
	怠速不良，转速过高或不稳	1. 节气门关闭不严或轴松弛 2. 怠速量孔或怠速空气量孔堵塞 3. 浮子室油面过高或过低 4. 衬垫损坏，进气歧管漏气，化油器固定螺丝松动	1. 检修节气门与节气门轴 2. 清洗疏通油道及油、气量孔 3. 调整浮子室油面高度 4. 更换衬垫，紧固螺丝
	加速不良，化油器回火，转速不易提高	1. 浮子室油面过低 2. 混合气过稀 3. 加速量孔或主油道堵塞 4. 主量孔堵塞或调节针调节不当 5. 油面拉杆调整不当 6. 节气阀转轴松旷，只能怠速运转，不能加速	1. 调整浮子室油面 2. 调整进油量 3. 清洗加速量孔或主油道 4. 清洗主量孔，调整调节针 5. 调节拉杆，使节气阀能全开 6. 修理或更换新件

（续表）

故障名称	故障现象	故障原因	排除方法
二冲程汽油机点火系故障	火花塞火花弱，起动困难	1. 火花塞绝缘不良或电极积炭，触点有油污，不跳火 2. 电容器、点火线圈工作不良 3. 电容器搭铁不良或击穿 4. 分火头有裂纹漏电	1. 如高压线端跳火强而电极间火花弱，说明火花塞绝缘不良、电极积炭或触点有油污，清除积炭和油污或更换新件 2. 更换新件 3. 拆下重新安装，使搭铁良好 4. 更换分火头
	怠速正常高速断火	1. 火花塞电极间距过大 2. 点火线圈或电容器有破损	1. 按要求调整电极间距 2. 更换新件
	加大负荷即断火	1. 火花塞电极间距过大 2. 火花塞绝缘不良	1. 按要求调整电极间距 2. 更换火花塞
	磁电机火花微弱	1. 断电器触点脏污或间隙调整不当 2. 电容器搭铁不良或击穿 3. 磁铁退磁 4. 感应线圈受潮 5. 断电器弹簧太软	1. 清理、磨平、调整触点间隙，必要时更换 2. 卸下并打磨搭铁接触部位，重新安装 3. 充磁 4. 烘干 5. 更换
	点火过早或过迟	1. 点火时间调整不当 2. 触点间隙调整不当	1. 按规定调整点火时间 2. 按要求调整点火间隙
运转不平稳	爆燃有敲击声和发动机断火	1. 发动机发热 2. 浮子室有水和沉积机油	1. 停机冷却发动机，避免长期高速运转 2. 清洗浮子室；燃油中混有水也可造成发动机断火，更换燃油

七、常温烟雾机常见故障诊断与排除

常温烟雾机常见常见故障诊断与排除参照前述的电机、风机、喷雾系统等相关故障进行。

第十六章 设施养牛装备技术维护

相关知识

一、机器零部件拆装的一般原则

（一）拆卸时一般应遵守的原则

机器拆卸的目的是为了检查、修理或更换损坏的零件。拆卸时必须遵守以下原则。

1. 拆卸前首先应弄清楚所拆机器的结构原理、特点，防止拆坏零件。

2. 应按合理的拆卸顺序进行，一般是由表及里，由附件到主机，由整机拆卸成总成，再将总成拆成零件或部件。

3. 掌握合适的拆卸程度。该拆卸的必须拆卸，不拆卸就能排除故障的，不要拆卸。盲目拆卸不仅浪费工时，而且会使零件间原有的良好配合关系、配合精度破坏，缩短零件使用寿命，甚至留下故障隐患。

4. 应使用合适的拆卸工具。在拆卸难度大的零件时，应尽量使用专用拆卸工具，避免猛敲狠击而使零件变形或损坏。

5. 拆卸时应为装配做好准备。为了顺利做好装配要做到：

（1）核对记号和做好记号　有不少配合件是不允许互换的，还有些零件要求配对使用或按一定的相互位置装配。例如气门、轴瓦、曲轴配重、连杆和瓦盖、主轴瓦盖、中央传动大、小锥齿轮、定时齿轮等，通常制造厂均打有记号，拆卸时应查对原记号。对于没有记号的，要做好记号，以免装错。

（2）分类存放零件　拆卸下的零件应按系统、大小、精度分类存放。不能互换的零件应存放在一起；同一总成或部件的零件放在一起；易变形损坏的零件和贵重零件应分别单独存放，精心保管；易丢失的小零件，如垫片、销子、钢球等应存放在专门的容器中。

（二）装配时注意事项

1. 保证零件的清洁。装配前零件必须进行彻底清洗。经钻孔、铰孔或镗孔的零件，应用高压油或压缩空气冲刷表面和油道。

2. 做好装配前和装配过程中的检查，避免不必要的返工。凡不符合要求的零件不得装配，装配时应边装边检查。如配合间隙和紧度、转动的均匀性和灵活性、接触和啮合印痕等，发现问题应及时解决。

3. 遵循正确的安装顺序。一般是按拆卸相反的顺序进行。按照由内向外逐级装配的原则，并遵循由零件装配成部件，由零件和部件装配成总成，最后装配成机器的顺序进行。并注意做到不漏装、错装和多装零件。机器内部不允许落入异物。

4. 采用合适的工具，注意装配方法，切忌猛敲狠打。

5. 注意零件标记和装配记号的检查核对。凡有装配位置要求的零件（如定时齿轮等）、配对加工的零件（如曲轴瓦片、活塞销与铜套等）以及分组选配的零件等均应进

行检查。

6. 在封盖装配之前，要切实仔细检查一遍内部所有的装配零部件、装配的技术状态、记号位置、内部紧固件的锁紧等，并做好一切清理工作，再进行封盖装配。

7. 所有密封部件，其结合平面必须平整、清洁，各种纸垫两面应涂以密封胶或黄油。装配紧固螺栓时，应从里向外，对称交叉的顺序进行，并做到分次用力，逐步拧紧。对于规定扭矩的螺栓需用扭矩扳手拧紧，并达到规定的扭矩，保证不漏油、不漏气、不漏水。

8. 各种间隙配合件的表面应涂以机油，保证初始运转时的润滑。

二、油封更换要点

1. 油封拆卸后，一定要更换新的油封。

2. 在取下油封时，不要使轴表面受到损伤。

3. 在以新油封更换时，在腔体孔内留约 2mm 接缝，当新油封的唇口端部与轴接触，将旧油封的接触部撤开。

4. 先在轴表面及倒角处涂一薄层润滑油或矿物油。

5. 将轴插入油封时或正在插入时，要仔细防止唇口部分翘起，并保持油封中心与轴中心同心。

三、滚动轴承的更换

滚动轴承一般有外圈、内圈、滚动体和保持架组成，在内外圈上有光滑的凹槽滚道，滚动体可沿着滚道滚动，形成滚动摩擦。它具有摩擦小、效率高、轴向尺寸小、装拆方便等特点。滚动轴承是标准配件，轴承内圈和轴的配合是基孔制，轴承外圈和轴承孔的配合是基轴制，配合的松紧程度由轴和轴孔的尺寸公差来保证。

1. 滚动轴承更换的条件

（1）轴承径向或轴向间隙过大。如锥形齿轮轴等，允许轴承的径向晃动量为 0.1～0.2mm，轴向晃动量为 0.6～0.8mm；一般部位的轴承允许径向晃动量为 0.2～0.3mm，轴向晃动量 0.8～1mm。

（2）轴承滚道有麻点、坑疤等缺陷。

（3）由于缺油导致轴承变色或抱轴。

（4）珠子保持架破裂。

（5）珠子不圆或破碎。

（6）轴承转动不灵活或经常卡住。

（7）轴承奶衬或外套有裂纹。

（8）连续运行已达到使用期限。

2. 滚动轴承的拆装

拆卸轴承的工具多用拉力器。在没有专用工具的情况下，可用锤子通过紫铜棒（或软铁）敲打轴承的内外圈，取下轴承。轴承往轴上安装或拆下时，应加力于轴承的内圈（图 16－1）；轴承往轴承座上安装或拆下时，应加力于轴承的外圈（图 16－2）。

以单列向心球轴承拆装为例。

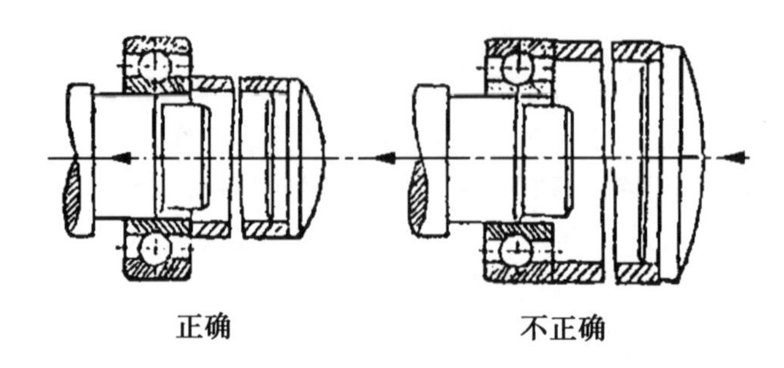

图 16－1　轴承往轴上安装

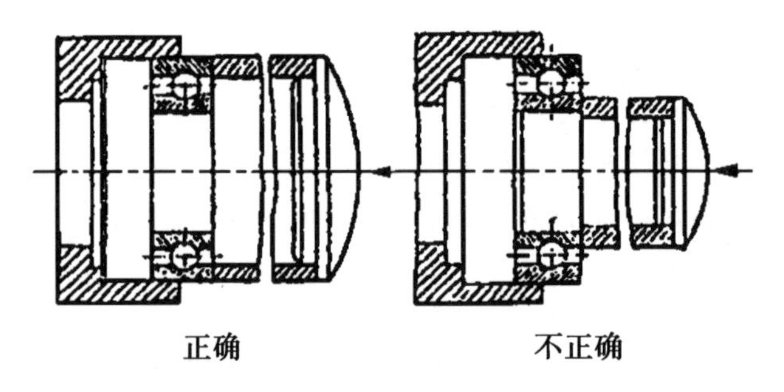

图 16－2　轴承往轴承座内安装

（1）单列向心球轴承的拆卸　拆卸单列向心球轴承时，把拉力器丝杠的顶端放在轴头（或丝杠顶板）的中心孔上，爪钩通过半圆开口盘（或辅助零件）钩住紧配合（吃力大）的轴承内（或外）圈，转动丝杠，即可把轴承拆下，见图16－3。

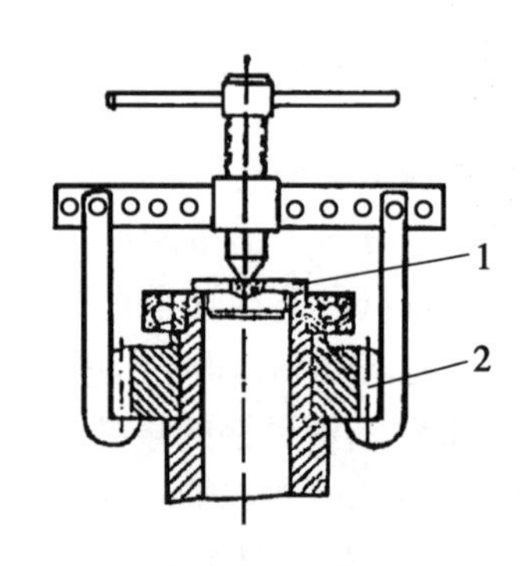

图 16－3 单列向心球轴承的拆卸
1－丝杠顶板；2－辅助零件

（2）单列向心球轴承的安装　安装单列向心球轴承时，应把轴颈和轴承座清洗干净，各连接面涂一层润滑油。可用压力机把轴承压入轴上（或轴承座内），也可以垫一段管子或紫铜棒用锤子把轴承逐渐打入。轴承往轴上安装时，压力或锤子击力必须加在轴承内圈上；而往轴承座内安装时，力则应加在轴承外圈上。

四、电气设备故障的维修方法

（一）电路故障诊断与分析

总的来说，电路故障无非就是短路、断路和接头连接不良及测量仪器的使用错误等。以断路和短路为例。

1. 断路故障的判断

断路最显著的特征是电路中无电流（电流表无读数），且所有用电器不工作，电压表读数接近电源电压。此时可采用小灯泡法、电压表法、电流表法、导线法等与电路的一部分并联进行判断分析。

（1）小灯泡检测法 将小灯泡分别与逐段两接线柱之间的部分并联，如果小灯泡发光或其他部分能开始工作，则此时与小灯泡并联的部分断路。

（2）电压表检测法 把电压表分别和逐段两接线柱之间的部分并联，若有示数且比较大（常表述为等于电源电压），则是和电压表并联的部分断路（电源除外）。电压表有较大读数，说明电压表的正负接线柱已经和相连的通向电源的部分与电源形成了通路，断路的部分只能是和电压表并联的部分。

（3）电流表检测法 把电流表分别与逐段两接线柱之间的部分并联，如果电流表有读数，其他部分开始工作，则此时与电流表并联的部分断路。注意，电流表要用试触法选择合适的量程，以免烧坏电流表。

（4）导线检测法 将导线分别与逐段两接线柱之间的部分并联，如其他部分能开始工作，则此时与导线并联的部分断路。

2. 短路故障的判断

并联电路中，各用电器是并联的，如果一个用电器短路或电源发生短路，则整个电路就短路了，后果是引起火灾、损坏电源，因而是绝对禁止的。串联短路也可能发生整个电路的短路，那就是将导线直接接在了电源两端，其后果同样是引起火灾、损坏电源，也是绝对禁止的。较常见的是其中一个用电器发生局部短路，一个用电器两端电压突然变大，或两个电灯中突然一个熄灭，另一个同时变亮，或电路中的电流变大等。

短路的具体表现，一是整个电路短路。电路中电表没有读数，用电器不工作，电源发热，导线有糊味等。二是串联电路的局部短路。如某用电器（发生短路）两端无电压，电路中有电流（电流表有读数）且较原来变大，另一用电器两端电压变大，一盏电灯更亮等。短路情况下，应考虑是“导线”成了和用电器并联的电流的捷径，电流表、导线并联到电路中的检测方法已不能使用，因为它们的电阻都很小，并联在短路部分对电路无影响。并联到其他部分则可引起更多部位的短路，甚至引起整个电路的短路，烧坏电流表或电源。所以，只能用电压表检测法或小灯泡检测法。

（1）电压表检测法 把电压表分别和各部分并联，导线部分的电压为零表示导线正常，如某一用电器两端的电压为零，则此用电器短路。

（2）小灯泡检测法 把小灯泡分别和各部分并联，接到导线部分时小灯泡不亮（被短路）表示导线正常。如接在某一用电器两端小灯泡不亮，则此用电器短路。

（二）电气设备维修原则

1. 先动口，再动手

应先询问产生故障的前后经过及故障现象，先熟悉电路原理和结构特点，遵守相应规则。拆卸前要充分熟悉每个电气部件的功能、位置、连接方式及周围其他器件的关系，在没有组装图的情况下，应一边拆卸，一边画草图，并记上标记。

2. 先外后内

应先检查设备有无明显裂痕、缺损、了解其维修史，使用年限等，然后再对机内进行检查，拆前应排除周边的故障因素，确定为机内故障后才能拆卸。否则，盲目拆卸，可能使设备越修越坏。

3. 先机械后电气

只有在确定机械零件无故障后，再进行电气方面的检查。检查电路故障时，应利用检测仪器寻找故障部件，确认无接触不良故障后，再有针对性地查看线路与机械的动作关系，以免误判。

4. 先静态后动态

在设备未通电时，判断电气设备按钮接触器、热继电器以及保险丝的好坏，从而断定故障的所在。通电试验听其声，测参数判断故障，最后进行维修。如电机缺相时，若测量三相电压值无法判断时，就应该听其声单独测每相对地电压，方可判断那一相缺损。

5. 先清洁后维修

对污染较重的电气设备，先对其按钮、接线点、接触点进行清洁，检查外部控制键是否失灵，许多故障都是由脏污及导电尘块引起的。经清洁故障往往会排除。

6. 先电源后设备

电源部分的故障率在整个故障设备中占的比例很高，所以先检修电源往往可以事半功倍。

7. 先普遍后特殊

因装配配件质量或其他设备故障而引起的故障，一般占常见故障的50%，电气设备的特殊故障多为软故障，要靠经验和仪表来测量和维修。例如，一个0.5kW电机带不动负载，有人认为是负载故障，根据经验用手抓电机，结果是电机本身问题。

8. 先外围后内部

先不要急于更换损坏的电气部件，在确认外围设备电路正常时，再考虑更换损坏的电气部件。

9. 先直流后交流

检修时，必须先检查直流回路静态工作点，再检查交流回路动态工作点。

10. 先故障后调试

对于调试和故障并存的电气设备，应先排除故障，再进行调试，调试必须在电气线路正常的前提下进行。

（三）电气设备维修方法

1. 分析电路故障时要逐个判断故障原因，把较复杂的电路分成几个简单的电路来看。

2. 用假设法，假设这个地方有了故障，会发生什么情况。

3. 工作中要不断总结规律，在实践中寻找方法。

4. 要通过问、看、闻、听等手段，掌握检查、判定故障的方法。要向操作者和故障在场人员询问情况，包括故障外部表现、大致部位、发生故障时的环境情况。要根据调查情况。看有关电器外部有无损坏、连线有无断路、松动，绝缘有无烧焦，螺旋熔断器的熔断指示器是否跳出，电器有无进水、油垢，开关位置是否正确等。通过初步检查，确认不会使故障进一步扩大和造成人身、设备事故后，可进一步试车检查，试车中要注重有无严重跳火、异常气味、异常声音等现象，一经发现应立即停车，切断电源。注重检查电器的温升及电器的动作程序是否符合电气设备原理图的要求，从而发现故障部位正确排除。

总之，只有在工作实践中不断研究总结，才能正确掌握电路故障的排除方法，确保电器设备的正常运行。

五、判断三相电动机通电后电动机不能转动或启动困难方法

此故障一般由电源、电动机及机械传动等方面的原因引起。

（一）电源方面

1. 电源某一相断路，造成电动机缺相启动，转速慢且有“嗡嗡”声，起动困难；若电源二相断路，电动机不动且无声。应检查电源回路开关、熔丝、接线处是否断开；熔断器型号规格是否与电动机相匹配；调节热继电器整定值与电动机额定电流相配。

2. 电源电压太低或降压启动时降压太多。前者应检查是否多台电动机同时启动或配电导线太细、太长 造成电网电压下降；后者应适当提高启动电压，若是采用自耦变压器起动，可改变抽头提高电压

（二）电动机方面

1. 定、转子绕组断路或绕线转子电刷与滑环接触不良，用万用表查找故障点并排除。

2. 定子绕组相间短路或接地 ，用兆欧表检查并排除。

3. 定子绕组接线错误，如误将三角形接成星形，应在接线盒上纠正接线；或某一相绕组首、末端接反，应先判别定子绕组的首、末端，再纠正接线。

判断绕组首、末端方法步骤如下：

（1）用万用表电阻档判定同一相绕组的 2 个出线端。用一根表笔接任一出线端，另一表笔分别与其他 5 个线端相碰，阻值最小的二线端为同相绕组，并作标记。

（2）用万用表直流电流挡的小量程挡位，判定绕组的首、末端。将任一相绕组的首端接万用表“－”极，末端接“＋”极，再将相邻相绕组的一端接电池负极，另一端碰电池正极观察万用表指针瞬时偏转方向，若为正偏，利用电磁感应原理 ，可判断与电池正极相碰的为首端，与电池负极相连的为末端，若为反偏，则相反。同理，可判断第三相绕组的首、末端。

4. 定、转子铁芯相碰（扫膛），检查是否装配不良或因轴承磨损所致松动，应重新装配或更换轴承。

（三）机械方面

1. 负载过重，应减轻负载或加大电动机的功率。

2. 被驱动机械本身转动不灵或被卡住。

3. 皮带打滑，调整皮带张力、涂石蜡。

六、三相异步电动机技术维护要求

1. 清洁电动机外部，了解异步电动机的铭牌，熟悉异步电动机结构原理。

2. 正确选用拆装工具和仪表。如铁锤、紫铜棒、拉具、扳手，兆欧表、万用表等工具的正确使用方法。

3. 掌握安全操作规程。

4. 掌握电动机拆卸、装配要领。

（1）应先切断电源，拆除电动机与三相电源线的连接，应做好电源线的相序标记

与绝缘处理。

（2）拆卸电动机与机座、皮带轮、联轴器的连接时，先做好相应定位标记，保证电动机与主体设备安全分离。

（3）端盖螺钉的松动与紧固必须按对角线上下左右依次旋动。

（4）吊装大型电动机的转子应对称平衡钢丝绳，地面铺好木垫，慢慢平移出转子时动作应小心，一边推送一边接引，防止擦伤定子绕组和转子绕组。

（5）依次对风罩、风叶、端盖、轴承、转子的拆卸清洗、检查与更换。

5. 掌握电动机测试、检修方法。

操作技能

一、管道与计量式挤奶机技术维护

1. 日常技术维护

除按机电共性技术维护的内容外，还需维护以下内容。

（1）检查真空泵油量。不足应按说明书要求加注润滑油。

（2）清洁集乳器进气孔。如果集乳器进气孔堵塞，集乳器中的奶就不能顺利排出，将导致变质，并且伤害乳房。

（3）检查更换磨损或漏气的橡胶部件。

（4）更换破损的奶杯奶衬。发现奶杯奶衬和外壳间如有水或奶，表明奶衬或者脉动系统有破损，应当更换奶衬。一般奶杯奶衬每用 2 500 头次奶牛或 750h 后应更换一次。更换奶杯奶衬时，应把奶杯奶衬装入不锈钢奶杯内，注意其头部与下面连接管部都有一个箭头标记，拉奶杯奶衬时，应沿不锈钢奶杯直线拉，不能边拉边扭曲，装好后应检查上下两个箭头应在同一直线上。

（5）检查真空表读数。套杯前与套杯后，真空表的读数应当相同。摘取杯组时真空会略微下降，但 5s 内应上升到原位。

（6）发现真空调节器无明显的放气声，说明真空储气量不够。如有这种情况应打电话给专业工程师。

（7）清洗。一是每次挤完奶后，应及时清洗牛奶通过的有关部件。方法是选用清水冲洗，再放入 70℃的热洗涤剂（含 1% 的碱），用毛刷进行洗涤，最后用 80℃的热水清洗干净，晾干备用。二是奶杯内橡皮套应拆出清洗，防水温过高而变形。

2. 每周技术维护

（1）按日常技术维护的内容进行。

（2）检查脉动率与内衬收缩状况是否正常。在机器运转状态下，将拇指伸入一个奶杯，其他 3 个奶杯堵住或折断真空。每分钟按摩次数是脉动率。拇指应感觉到内衬的充分收缩。

（3）检查奶泵止回阀。如发现奶泵进入空气，说明止回阀密封不良或膜片断裂，应立即更换，并确保阀片平整光洁、无异物卡在止回阀中，应备存一个奶泵止回阀。

（4）清洗真空过滤器。打开真空罐，拆下白色圆筒网罩，用清水清洗干净再装上。

（5）拆洗脉动器和真空软管。

3. 每月技术维护

（1）按每周技术维护的内容进行。

（2）每月清洁脉动器。打开脉动器外壳，清洗脉动器进气口和内部各部件，更换过滤器。有些进气口有过滤网，需要清洗或更换。脉动器一般不加油，如需加油应按供应商的要求进行。脉动器频率应为 60 次/min。

（3）每月清洁真空调节器和传感器。用一湿布擦净真空调节器的阀、座等（按照工程师的指导）。传感器过滤网可用皂液清洗，凉干后再装上。

（4）每月检查奶水分离器和稳压罐浮球阀。应确保这些浮球阀工作正常，还要检查其密封情况，有磨损时应立即更换。

（5）每月冲洗真空管、清洁排泄阀、检查密封状况。这对提桶式挤奶机系统尤其重要。取温水加清洗剂（不能对管道有腐蚀性），用量不要超过稳压罐的容量，洗涤真空管并抽至稳压罐。最后用清水冲洗。

4. 真空泵的维护保养

（1）检查真空泵油量。不足应添加相同规格的润滑油至规定的油位。

（2）每两个月或每工作 500h 从两侧的黄油嘴加注耐高温黄油，当新黄油从透气孔里冒出为止。

（3）每月检查真空泵皮带松紧度。

（4）每 6 个月工作（1 500h）更换一次齿轮油（齿轮油为 150 ~ 160 号），油量根据真空泵型号不同而异，当从油窗视镜看到油即可，如视镜看不清先拧开油窗螺丝，当油从油窗口流出时停止加油并拧上视镜螺丝，油量不能超过视窗的中线，否则会损坏泵内的密封圈；另外要定期检查通气孔，如堵塞要清除异物。

（5）每 2 个月或工作 500h 清洗真空泵。清洗时（最好在挤奶刚结束后），用 20kg 左右的肥皂水从位于真空泵和过滤器连接管道上的清洗口吸入，当水吸完后拧开消音器上的排污螺丝放掉里面的污水，然后让真空泵再运转 5 ~ 10min 以便将真空泵内的水彻底蒸发。

5. 注意事项

（1）必须按照说明书的规定进行，采用合适的工具进行拆、装，以免损坏设备。

（2）维修之前必须切断总电源和锁住，并且有人员在侧监护。

二、转盘式挤奶机技术维护

1. 参照管道与计量式挤奶机进行技术维护。

2. 每月打开稳压器外壳，清洗稳压器过滤器及其他部件。

3. 每次运行前加油润滑。润滑轨道至关重要，平台不得在干燥的轨道上运行。在启动平台之前，检查自动加油器中有无足够的润滑油用于计划中的挤奶操作。如不足应加满。

4. 每月检查驱动轮有无磨损。如果驱动装置顶部有任何胶屑迹象，则表示驱动轮没有正确调准，或者驱动装置在启动时打滑。磨损严重应更换。

5. 每月清洁奶泵止回阀一次。

三、螺旋挤压式固液分离设备技术维护

1. 维修期间，所有开关始终保持关闭状态。

2. 参照机电设备常规技术维护进行维护。

3. 每班下班前清洗分离机进料夹层，以免粪渣淤塞影响分离效果。如发现出液口流出液体少，可单独做几次停、开动作，如果没有效果则表示筛网需要清洗，一般情况下，使用15～20天需清洗一次。

清洗步骤：

（1）停止泵运行，让主机螺旋单独旋转，待出渣翻板处停止挤出固体为止。

（2）将出渣翻板所属部件从主轴箱上拆下。

（3）将螺杆旋松取出。

（4）先将卸料口螺栓取下，随后取下螺旋轴，拆下筛网。

（5）用清水及铜丝板刷将筛网清洗干净。

（6）重新组装。值得注意的是在取下网筛的同时需注意网筛的导轨位置，最好做上记号，安装时仍然保持原来的位置。否则在以后的运转中，将加大网筛的磨损，自然也就会影响挤压机的出料效率。安装好后，按要求进行试车。

4. 累计运行720h后，检查轴承并加注润滑油，如轴承过度磨损应立即更换。

5. 电子元件等损坏后，只能更换指定型号的电子元件等。

四、螺旋式深槽发酵干燥设备技术维护

1. 维修或保养设备时要断开电源，并在电源开关处挂上“检查和维修保养中”的标牌，以防止他人误开电源。

2. 未经培训的操作者，不许打开该设备的电控柜门对内部进行触摸。遇异常情况应断开总电源，在检修人员未到时，不得再启动。

3. 只有将复位按钮按下再抬起，方可执行指定的工作模式流程作业。

4. 执行手动操作时，遇紧急情况应切断电源或按油泵停止按钮。

5. 定时向轴承、齿轮和链条等传动件加注润滑油。

6. 随时检查并调整大车的跑偏缺陷。

五、背负式手动喷雾器技术维护

1. 作业后放净药箱内残余药液。

2. 用清水洗净药箱、管路和喷射部件，尤其是橡胶件。

3. 清洁喷雾器表面泥污和灰尘。

4. 在活塞筒中安装活塞杆组件时，要将皮碗的一边斜放在筒中，然后使之旋转，将塞杆竖直，另一只手帮助将皮碗边沿压入筒内就可顺利装入，切勿硬行塞入。

5. 存放时，所有皮质垫圈要浸足机油，以免干缩硬化。

6. 检查各部螺丝是否有松动、丢失。如有松动、丢失，必须及时旋紧和补齐。

7. 将各个金属零件涂上黄油，以免锈蚀。小零件要包装，集中存放，防丢失。

8. 保养后的机器应整机罩一塑料膜，放在干燥通风，远离火源，并避免日晒雨淋。

以免橡胶件、塑料件过热变质，加速老化。但温度也不得低于0℃。

六、背负式机动弥雾喷粉机技术维护

1. 按背负式手动喷雾器的程序进行维护保养。

2. 机油与汽油比例：新机或大修后前50h，比例为20∶1；其他情况下，比例为25∶1。混合油要随用随配。加油时必须停机，注意防火。

3. 机油应选用二冲程专用机油，也可以用一般汽车用机油代替，夏季采用12号机油，冬季采用6号机油，严禁使用拖拉机油底壳中的机油。

4. 启动后和停机前必须空载低速运转3～5min，严禁空载大油门高速运转和急剧停机。新机器在最初4h，不要加速运转，每分钟4 000到4 500转即可。新机磨合要达24h以后方可负荷工作。

5. 喷施粉剂时，要每天清洗汽化器、空气滤清器。

6. 长塑料管内不得存粉，拆卸之前空机运转1～2min，借助喷管之风力将长管内残粉吹尽。

7. 长期不用应放尽油箱内和汽化器沉淀杯中的残留汽油，以免油针等结胶。取出空气滤清器中的滤芯，用汽油清洗干净。从进气孔向曲轴箱注入少量优质润滑油，转动曲轴数次。

8. 防锈蚀。用木片刮火花塞、气缸盖、活塞等部件和积炭，并用润滑剂涂抹，同时润滑各活动部件，以免锈蚀。

七、常温烟雾机技术维护

1. 参照背负式手动和机动喷雾器的程序进行维护保养

2. 参照机电共性技术状态对电动机、空气压缩机、风机用线路等进行维护保养。

八、三相异步电动机的技术维护

1. 清洁电动机外部，了解异步电动机的铭牌，熟悉异步电动机基本结构。

2. 正确选用拆装工具和仪表。如铁锤、紫铜棒、拉具、扳手，兆欧表、万用表等工具的正确使用方法。

3. 拆卸电动机：

（1）拆卸电动机之前，必须拆除电动机与外部电气连接的连线，并做好相位标记。

（2）拆卸步骤：带轮或联轴器；前轴承外盖；前端盖；风罩；风扇；后轴承外盖；后端盖；抽出转子；前轴承；前轴承内盖；后轴承；后轴承内盖。

（3）皮带轮或联轴器的拆卸　拆卸前，先在皮带轮或联轴器的轴伸端作好定位标记，用专用位具将皮带轮或联轴器慢慢位出。拉时要注意皮带轮或联轴器受力情况务必使合力沿轴线方向，拉具项端不得损坏转子轴端中心孔。

（4）拆卸端盖、抽转子　拆卸前，先在机壳与端盖的接缝处（即止口处）作好标记以便复位。均匀拆除轴承盖及端盖螺栓拿下轴承盖，再用两个螺栓旋于端盖上两个顶丝孔中，两螺栓均匀用力向里转（较大端盖要用吊绳将端盖先挂上）将端盖拿下。（无顶丝孔时，可用铜棒对称敲打，卸下端盖，但要避免过重敲击，以免损坏端盖）对于小型电动机抽出转子是靠人工进行的，为防手滑或用力不均碰伤绕组，应用纸板垫在绕组端部进行。

（5）轴承的拆卸、清洗　拆卸轴承应先用适宜的专用拉具。拉力应着力于轴承内圈，不能拉外圈，拉具顶端不得损坏转子轴端中心孔（可加些润滑油脂）。在轴承拆卸前，应将轴承用清洗剂洗干净，检查它是否损坏，有无必要更换。

4. 装配异步电动机：

（1）用压缩空气吹净电动机内部灰尘，检查各部零件的完整性，清洗油污等。

（2）装配异步电动机的步骤与拆卸相反。装配前要检查定子内污物，锈是否清除，检查有无损坏伤，装配时应将各部件按标记复位，并检查轴承盖配合是否合适。

（3）轴承装配前，轴上先抹的油，可采用热套法和冷装配法装配。

5. 拆装注意事项：

（1）拆移电机后，电机底座垫片要按原位摆放固定好，以免增加钳工对中的工作量。

（2）拆、装转子时，不得损伤绕组，拆前、装后均应测试绕组绝缘及绕组通路。

（3）拆、装时不能用手锤直接敲击零件，应垫铜、铝棒或硬木，对称敲。

（4）装端盖前用粗铜丝，从轴承装配孔伸入钩住内轴承盖，以便于装配外轴承盖。

（5）用热套法装轴承时，只要温度超过100℃，应停止加热，工作现场应放置1211 灭火器。

（6）清洗电机及轴承的清洗剂（汽、煤油）不准随使乱倒，必须倒入污油井。

（7）检修场地需打扫干净。